W0263222

Sitzungsberichte der Heidelberger Akademie der Wissenschaften

Mathematisch-naturwissenschaftliche Klasse

Die Jahrgänge bis 1921 einschließlich erschienen im Verlag von Carl Winter, Universitätsbuchhandlung in Heidelberg, die Jahrgänge 1922—1933 im Verlag Walter de Gruyter & Co. in Berlin, die Jahrgänge 1934—1944 bei der Weiß'schen Universitätsbuchhandlung in Heidelberg. 1945, 1946 und 1947 sind keine Sitzungsberichte erschienen.

Jahrgang 1937.

1. J. L. WILSER. Beziehungen des Flußverlaufes und der Gefällskurve des Neckars zur Schichtenlagerung am Südrand des Odenwaldes. DMark 1.10.
2. E. SALKOWSKI. Die PETERSONschen Flächen mit konischen Krümmungslinien. DMark 0.75.
3. Studien im Gneisgebirge des Schwarzwaldes. V. O. H. ERDMANNSDÖRFFER. Die „Kalksilikatfelse" von SCHOLLACH. DMark 0.65.
4. Studien im Gneisgebirge des Schwarzwaldes. VI. R. WAGER. Über Migmatite aus dem südlichen Schwarzwald. DMark 2.—.
5. Studien im Gneisgebirge des Schwarzwaldes. VII. O. H. ERDMANNSDÖRFFER. Die „Kalksilikatfelse" von URACH. DMark 0.60.
6. M. MÜLLER. Die Annäherung des Integrales zusammengesetzter Funktionen mittels verallgemeinerter RIEMANNscher Summen und Anwendungen. DMark 3.30.

Jahrgang 1938.

1. K. FREUDENBERG und O. WESTPHAL. Über die gruppenspezifische Substanz A (Untersuchungen über die Blutgruppe A des Menschen). DMark 1.20.
2. Studien im Gneisgebirge des Schwarzwaldes. VIII. O. H. ERDMANNSDÖRFFER. Gneise im Linachtal. DMark 1.—.
3. J. D. ACHELIS. Die Ernährungsphysiologie des 17. Jahrhunderts. DMark 0.60.
4. Studien im Gneisgebirge des Schwarzwaldes. IX. R. WAGER. Über die Kinzigitgneise von Schenkenzell und die Syenite vom Typ Erzenbach. DMark 2.50.
5. Studien im Gneisgebirge des Schwarzwaldes. X. R. WAGER. Zur Kenntnis der Schapbachgneise, Primärtrümer und Granulite. DMark 1.75.
6. E. HOEN und K. APPEL. Der Einfluß der Überventilation auf die willkürliche Apnoe. DMark 0.80.
7. Beiträge zur Geologie und Paläontologie des Tertiärs und des Diluviums in der Umgebung von Heidelberg. Heft 3: F. HELLER. Die Bärenzähne aus den Ablagerungen der ehemaligen Neckarschlinge bei Eberbach im Odenwald. DMark 2.25.
8. K. GOERTTLER. Die Differenzierungsbreite tierischer Gewebe im Lichte neuer experimenteller Untersuchungen. DMark 1.40.
9. J. D. ACHELIS. Über die Syphilisschriften Theophrasts von Hohenheim. I. Die Pathologie der Syphilis. Mit einem Anhang: Zur Frage der Echtheit des dritten Buches der Großen Wundarznei. DMark 1.—.
10. E. MARX. Die Entwicklung der Reflexlehre seit Albrecht von Haller bis in die zweite Hälfte des 19. Jahrhunderts. Mit einem Geleitwort von Viktor v. Weizsäcker. DMark 3.20.

Jahrgang 1939.

1. A. SEYBOLD und K. EGLE. Untersuchungen über Chlorophylle. DMark 1.10.
2. E. RODENWALDT. Frühzeitige Erkennung und Bekämpfung der Heeresseuchen. DMark 0.70.
3. K. GOERTTLER. Der Bau der Muscularis mucosae des Magens. DMark 0.60.
4. I. HAUSSER. Ultrakurzwellen. Physik, Technik und Anwendungsgebiete. DMark 1.70.

Sitzungsberichte
der Heidelberger Akademie der Wissenschaften

Mathematisch-naturwissenschaftliche Klasse

Jahrgang 1949, 6. Abhandlung

Morphologische und anatomische Studien an höheren Pflanzen

Von

Wilhelm Troll und Hans Weber

I. Über die Verteilung der Spaltöffnungen an den Sproßachsen krautiger Pflanzen. Von Hans Weber.

II. Ästivationsstudien an Campanulaceenblüten. Von Wilhelm Troll.

III. Über Verzweigung und Wurzelträgerbildung bei Selaginella. Mit grundsätzlichen Erörterungen über die Natur der gabeligen und seitlichen Verzweigung. Von Wilhelm Troll.

Vorgelegt in der Sitzung vom 19. Juni 1948

Springer-Verlag

Berlin Heidelberg GmbH 1949

ISBN 978-3-540-01422-5   ISBN 978-3-662-22198-3 (eBook)
DOI 10.1007/978-3-662-22198-3

I. Über die Verteilung der Spaltöffnungen an den Sproßachsen krautiger Pflanzen.

Von

Hans Weber in Mainz.

Mit 31 Textabbildungen.

Inhaltsübersicht.

Einleitung.

Mit Ausnahme der Wurzel gibt es kaum ein Organ der höheren Pflanze, dessen Epidermis nicht durch regelmäßiges oder zumindest gelegentliches Auftreten von Spaltöffnungen ausgezeichnet wäre. Über deren Anordnung sowie über Bau und Funktion liegen mannigfache Untersuchungen vor, die aber zum weitaus größten Teil nur das Blatt zum Gegenstand haben. Wenn auch das Blatt als Träger von Spaltöffnungen naturgemäß an erster Stelle steht, so bieten doch auch die Sproßachsen namentlich krautiger Pflanzen interessante Verhältnisse dar, die bis heute in der Literatur kaum Beachtung gefunden haben. Wohl finden sich wiederholt Angaben über das Auftreten von Stomata an Pflanzenstengeln, so z. B. schon bei UNGER (1833) und anderen Autoren, die im Verlauf der vorliegenden Abhandlung genannt werden sollen, sofern ihre Mitteilungen für unsere Untersuchungen bedeutungsvoll sind; über deren Anordnung und Verteilung jedoch wissen wir bisher nur wenig. Da aber gerade diese Verhältnisse mancherlei Ausblicke, insbesondere auch entwicklungsphysiologischer Art, gewähren, wurde bei einer größeren Anzahl von krautigen Pflanzen das Vorkommen von Spaltöffnungen an den Stengelteilen untersucht. Dabei erwiesen sich diejenigen Fälle als besonders interessant, in denen die Stomata gruppenweise auftreten, d. h. in denen die Schließzellenpaare stets an bestimmte kleine Bereiche der Sproßepidermis gebunden sind, während die übrige Epidermis stets frei davon ist. Einige dieser Untersuchungsergebnisse sollen im folgenden dargestellt werden. Die Holzgewächse, bei denen die Spaltöffnungsbereiche schon frühzeitig zur Lentizellenbildung übergehen, werden in dieser Abhandlung nicht berücksichtigt. Es sei nur darauf hingewiesen, daß auch hier Gruppenbildung vorkommen kann, worauf schon Trécul (1871, S. 15) und Stahl (1873, S. 577) aufmerksam gemacht haben.

Das Pflanzenmaterial, das zur Untersuchung gelangte, stammt zu einem großen Teil aus dem Botanischen Garten der Universität Tübingen. Für die dort im Jahre 1946 gewährte Arbeitsmöglichkeit möchte ich auch an dieser Stelle den Herren Prof. E. Bünning und Prof. W. Zimmermann danken.

Bemerkung zu den Abbildungen.

Die mikroskopischen Zeichnungen wurden sämtlich mit Hilfe eines Zeichenspiegels gewonnen. Einander entsprechende Entwicklungsstadien sind stets bei gleicher Vergrößerung dargestellt. Die Abb. 9, 18 und 25 sind Mikrophotographien. Die in den Abb. 4 und 30 wiedergegebenen Originale stammen von Herrn Prof. W. Troll, dem ich für deren Überlassung danke. Zu Dank bin ich auch Herrn Universitätszeichner Herzog, Tübingen, verpflichtet, der die Ausführung der Zeichnungen in den Abb. 5, 8, 20 und 24 besorgte.

I. Allgemeines über Vorkommen und Verteilung von Spaltöffnungen an Sproßachsen.

Die Sprosse krautiger Pflanzen sind in ihrer überwiegenden Mehrzahl mit Spaltöffnungen versehen. In den meisten Fällen sind diese über die Oberfläche verstreut und rufen so ein ähnliches Bild der Verteilung hervor, wie es von der Blattepidermis her bekannt ist, d. h. an bestimmten Stellen, anscheinend völlig regellos, sind in das Abschlußgewebe einzelne Schließzellenpaare eingelagert. Dabei ist allerdings die Anzahl der Spaltöffnungen je Flächeneinheit in der Sproßepidermis wohl stets erheblich kleiner als beim Blatt, und außerdem ist im ersten Fall der Spalt zumeist achsenorientiert, während beim Blatt, wenigstens beim netznervigen, die

Spaltrichtung im allgemeinen regellos ist, in Abhängigkeit von der jeweiligen Gestalt und Anordnung der Epidermiszellen. Auch in den Größenverhältnissen ergeben sich Differenzen derart, daß in

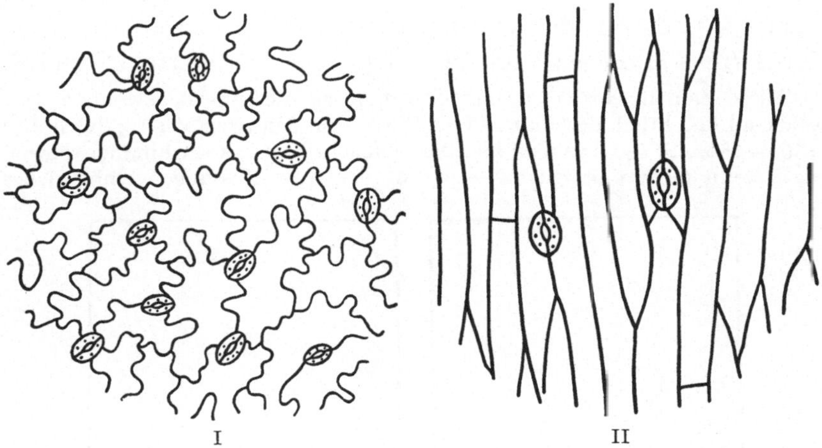

Abb. 1. *Pisum sativum*. I Epidermis von Blattunterseite; II Sproßepidermis von einem älteren Internodium.

vielen Fällen die Sproßspaltöffnungen kleiner als die Blattspalt-öffnungen sind, während bei anderen Arten die Verhältnisse wieder umgekehrt liegen. Abb. 1, I—II zeigt bei gleicher Vergrößerung

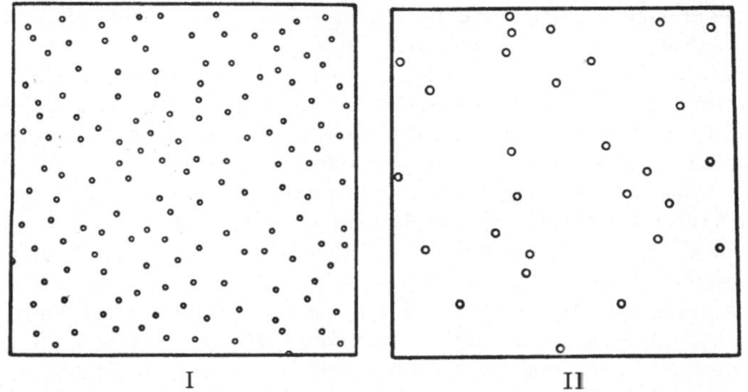

Abb. 2. *Pisum sativum*. Verteilung der Spaltöffnungen auf je 1 mm² Fläche von I Epidermis von Blattunterseite, II Epidermis eines älteren Internodiums.

je einen Ausschnitt aus Blatt- und Sproßepidermis einer Erbsen-pflanze, die das Geschilderte veranschaulichen. Die entsprechenden Verteilungsverhältnisse können für *Pisum sativum* aus Abb. 2, I—II ersehen werden, während Abb. 3, I—II diese für ein Beispiel aus dem Bereich der Monokotylen, nämlich *Lilium Martagon*, zeigt.

Die wiedergegebenen Bilder wurden mittels eines Zeichenspiegels gewonnen und stellen die tatsächliche Verteilung der Stomata auf je 1 mm² Fläche dar. Die Zahlenverhältnisse liegen dabei so, daß für *Pisum* im Mittel auf 1 mm² Blattepidermis 137 Spaltöffnungen kommen und auf die entsprechende Sproßepidermisfläche 30. Für *Lilium Martagon* sind die entsprechenden Werte 26 und 5.

Diese Zahlen wurden als Mittel von je 10 Messungen gewonnen. Sie weichen hinsichtlich des Blattes von *Pisum* von den Angaben ab, die Weiss (1865—1866, S. 130 und 135) hierüber gemacht hat. Es wird immer schwierig — wenn nicht unmöglich — sein, für derartige Messungen einheitliches

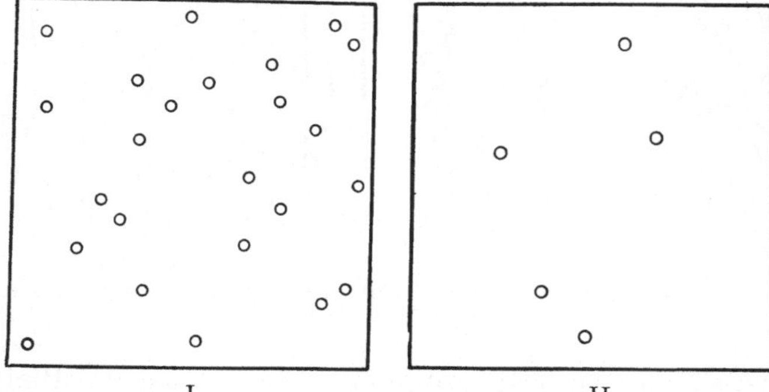

I   II

Abb. 3. *Lilium Martagon.* Verteilung der Spaltöffnungen. I und II entsprechend wie in Abb. 2.

Vergleichsmaterial zu gewinnen. Immerhin ist es auffallend, daß die von Weiss gegebenen Zahlenwerte in 6 von 8 Fällen ebenfalls über den von Morren (1864) gemachten Angaben liegen.

Ebenso wie bei den Blättern kann auch bei Sproßachsen die Anzahl der Spaltöffnungen je Flächeneinheit für die einzelnen Arten starken Schwankungen unterworfen sein, wenn auch die darüber vorliegenden Mitteilungen weit spärlicher sind als diejenigen, die das Blatt betreffen (Weiss 1865/66, Morren 1864, Czech 1865 u. a.). Als spaltöffnungsreich führt de Bary (1877, S. 51) nach Unger u. a. die Stengel von *Campanula patula* u. *linifolia*, *Salvia glutinosa*, *Polygonum aviculare*, *Vicia faba* u. *segetalis*, *Epilobium palustre*, *Capsella Bursa-pastoris*, *Möhringia trinerva*, *Linum catharticum* und *Potentilla aurea* an. Wir können diesen, um noch einige zu nennen, *Pisum sativum*, *Ruta graveolens*, *Linaria Cymbalaria*, *Drosera capensis* und *Melandrium rubrum* hinzufügen. Andererseits gibt es zahlreiche Pflanzen, die nur sehr wenige Spaltöffnungen an ihren Stengelteilen aufzuweisen haben. de Bary führt z. B. *Prunus domestica* mit 7 und *Solanum tuberosum* mit 4 Spaltöffnungen je mm² an. Für *Lilium Martagon* konnte ich für die gleiche Fläche 5 feststellen, während für andere Arten die Zahlen noch weit kleiner sein können. Sehr vereinzelt sind die Stomata z. B. bei *Paeonia spec.*, *Aconitum Napellus*, *Digitalis lutea*, während ich bei *Gentiana lutea*, *Peperomia Verschaffeltii*, *Impatiens-Arten* wie *I. Sultani* und *J. Noli-tangere* bisher überhaupt keine Schließzellen in der Sproßepidermis feststellen konnte. Eigenartig verhalten sich die Blütensprosse der Pontederiacee *Eichhornia crassipes*. Diese führen postfloral Krümmungen durch und bringen auf diese

Weise ihre Infloreszenzregion unter die Wasseroberfläche. Spaltöffnungen treten hier nur im oberen Krümmungsbereich und in der Infloreszenzregion auf, während der übrige Sproß völlig frei davon bleibt (WEBER 1949).

Im Gegensatz zu dieser diffusen Anordnung der einzelnen Schließzellenpaare gibt es, wie einleitend bereits hervorgehoben, eine ganze Reihe von Pflanzen, an deren Stengeln einzelne Spaltöffnungen zu Gruppen vereinigt sind, die sich mehr oder weniger scharf gegen das umgebende Epidermisgewebe abgrenzen. Außerhalb der einzelnen Gruppen ist die Epidermis stets völlig frei von Schließzellen. Diese Gruppierung kann man bei zahlreichen Arten schon mit bloßem Auge als feine, sich in Längsrichtung erstreckende Strichelung oder Felderung an den Sprossen erkennen, die besonders dann deutlich hervortritt, wenn sie gegen ihre Umgebung noch durch eine besondere Färbung abgegrenzt ist. Die Abb. 4, I—II mag diese Verhältnisse veranschaulichen. Sie stellen Ausschnitte aus dem Sproß zweier *Rechsteineria*-Arten dar, von denen die eine (*R. lineata*) sich durch hell- bis dunkelrot gefärbte Felder auf dem sonst grün erscheinenden

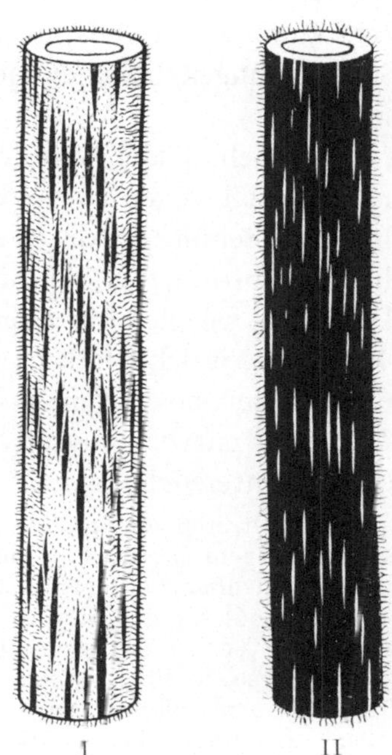

Abb. 4. Ausschnitte aus dem Sproß von I *Rechsteineria lineata*, II *Rechsteineria Douglasii*. Sproßoberfläche mit Spaltöffnungsfeldern. Original W. TROLL.

Sproß auszeichnet, während *R. Douglasii* gewissermaßen das Negativ dazu bildet, indem hier auf der im ganzen dunkelrot gefärbten Sproßoberfläche entsprechende helle Flecken ausgespart sind[1]. Auch die Abb. 5, 8, 20 und 24 können einen Eindruck davon vermitteln. In ähnlicher Weise wie die Sproßachsen verhalten sich vielfach auch die Blattstiele, auf die die Felderung übergreift. In einzelnen Fällen zeigen diese die Gruppenbildung sogar allein, während z. B. der Blütensproß selbst spaltöffnungsfrei bleibt, so bei *Peperomia Verschaffeltii*, die auf S. 9 erörtert werden soll.

---

[1] Auf solche, bei zahlreichen Gesneriaceen zu beobachtenden Erscheinungen hat mich zuerst Herr Prof. W. TROLL aufmerksam gemacht, dem ich für diese Hinweise sehr zu Dank verpflichtet bin. Aus der ursprünglichen Betrachtung dieser Pflanzen hat sich die vorliegende Arbeit entwickelt.

Die Felderung kommt dadurch zustande, daß neben bestimmten Veränderungen der Epidermis selbst das normale subepidermale Rindengewebe an den betreffenden Stellen jeweils in charakteristischer Weise durch ein keilförmiges Assimilationsparenchym mit lufterfüllten Interzellularen unterbrochen wird. In einem solchen Feld kann sich jeweils nur eine einzige oder eine ganze Reihe von Spaltöffnungen befinden, je nach der Art, mit der wir es zu tun haben.

Hiernach ist der weitere Gang unserer Darstellung vorgezeichnet. Es soll versucht werden, Felderung und Gruppenbildung in ihrer Entstehung zu klären sowie die Frage zu entscheiden, ob etwa die Spaltöffnungen die Bildung der in ihrem Bereich liegenden Assimilationskeile induzieren oder ob andere Verhältnisse vorliegen. Die Frage, welche Faktoren die Gruppenbildung überhaupt auslösen, kann noch keiner Beantwortung zugeführt werden. Sie bleibt als entwicklungsphysiologisches Problem ein Endziel derartiger Untersuchungen.

Das Auftreten von Spaltöffnungen in Reihen oder Gruppen bei Blättern ist seit langem bekannt, wenn auch über deren Entstehungsweise keine näheren Angaben vorliegen. Gruppenbildung gibt z. B. schon Treviranus (1835, S. 466) für die Blätter von *Saxifraga sarmentosa* und von *Begonia*-Arten an. Vorher hat sie de Candolle (1828, S. 67) bereits für *Begonia spathulata* sowie für *Crassula cordata* und *arborescens* mitgeteilt, wo die Gruppen dem bloßen Auge als „rundliche Punktierungen" erscheinen sollen. Bei diesen beiden letzten Beispielen liegt jedoch ein Irrtum vor, denn zumindest an den Blättern von *Crassula arborescens*, die ich nachuntersucht habe, sind die Spaltöffnungen diffus über die ganze Blattoberfläche verteilt. Wo — namentlich auf der Oberseite — mit bloßem Auge Punkte zu erkennen sind, handelt es sich um Wasserspalten. Man vergleiche hierzu Solereder (1899, S. 363). Später hat Unger (1855, S. 191) auf Spaltöffnungsgruppen an den Blättern von *Nerium Oleander* und von *Dasylirion oblongifolium* hingewiesen, wo die Spaltöffnungen in gemeinsamen grubenförmigen Vertiefungen der Blattoberfläche liegen. Andeutungsweise kann eine Häufung von Spaltöffnungen schon an den Blättern von *Lilium Martagon* beobachtet werden. Hier kommt es häufiger vor, daß zwei, zuweilen sogar 3 Stomata dicht nebeneinander liegen, entweder seitlich aneinander oder serial hintereinander. Interessante Verhältnisse hinsichtlich einer Spaltöffnungsgruppenbildung zeigen nach Borodin (1883) die Blätter von *Chrysosplenium alternifolium* auf ihrer Unterseite. In den einzelnen Gruppen sollen sich hier, selbst an ausgewachsenen Blättern, Spaltöffnungen in allen Bildungsstadien nebeneinander befinden.

II. Sprosse mit Spaltöffnungsgruppen.

Im folgenden sollen zunächst einige charakteristische Fälle beschrieben werden, die die Gruppenbildung deutlich zeigen. Wir gehen dabei von solchen Pflanzen aus, die zwar eine deutliche

Felderung zeigen, dabei aber jeweils nur eine einzige Spaltöffnung in jedem Felde aufzuweisen haben und somit einen Übergang von der diffusen Verteilung zur eigentlichen Gruppenbildung vermitteln. An den Anfang sei der Blattstiel einer *Peperomia*-Art gestellt, der das Wesentliche deutlich zeigt und sich hinsichtlich der Felderung ganz wie eine Sproßachse verhält.

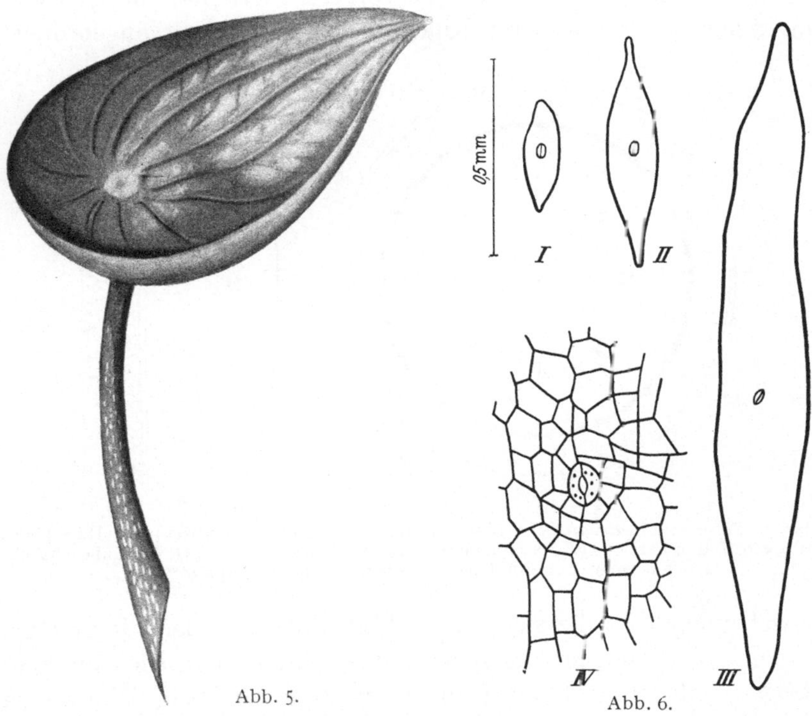

Abb. 5.   Abb. 6.

Abb. 5. *Peperomia Verschaffeltii.* Blatt, auf dessen Stiel die Spaltöffnungsfelder deutlich hervortreten.

Abb. 6. *Peperomia Verschaffeltii.* I—III Entwicklungsstadien von Spaltöffnungsfeldern In jedem Feld befindet sich stets nur eine Spaltöffnung. IV Zentrum eines jungen Feldes mit Spaltöffnung, stärker vergrößert.

1. *Peperomia Verschaffeltii.*

Die Pflanze besitzt an einer gestauchten Achse zahlreiche schildförmige Blätter, deren runde, rötlich gefärbte Stiele grüne, in Längsrichtung gestreckte Felder erkennen lassen, wie dies aus Abb. 5 ersichtlich ist. Die Felder sind deutlich gegen ihre Umgebung abgesetzt. In ihrer Mitte weisen sie je eine Spaltöffnung auf, deren Spalt meist ein wenig von der Längsrichtung abweicht. Die Stomata werden frühzeitig, schon an sehr jungen Stielen angelegt,

während die dazugehörigen grünen Felder sich während des Stiel-
wachstums beträchtlich erweitern, wie es die Figuren in Abb. 6,
I—III veranschaulichen. Querschnitte ergeben weiteren Auf-
schluß (Abb. 7, I): Außerhalb des geschlossenen Leitbündelringes
des unifazialen Stieles liegt in der Rinde eine ringförmige, annähernd
einschichtige Zellzone, die durch Anthozyan gefärbt ist und dadurch
die Rotfärbung des Blattstieles hervorruft. Außerhalb dieses Farb-
ringes liegen in der äußeren Rinde einzelne keilförmig angeordnete

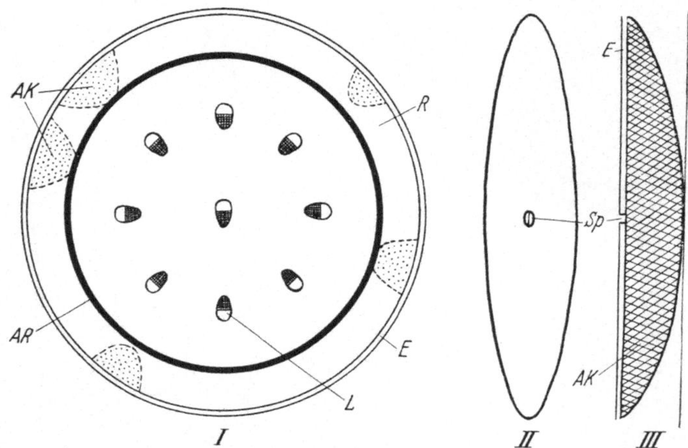

Abb. 7. *Peperomia Verschaffeltii*. I Blattstielquerschnitt (halbschematisch); II—III Schema
für Spaltöffnungsbereich und dessen Längsschnitt. *AR* Anthozyanring; *AK* Assimilationskeil;
E Epidermis; *L* Leitbündel; *R* äußere Rinde; *Sp* Spaltöffnung.

Gewebekomplexe, die sich durch ihren Chlorophyllgehalt und die
reichlich vorhandenen kleinen Interzellularen deutlich von dem
übrigen, nahezu farblosen Rindenparenchym abheben. Wir wollen
sie als Assimilationskeile bezeichnen. Sie entsprechen jeweils den
grünen Stengelfeldern. Ihre Spitze reicht im mittleren Bereich
bis an den Anthozyanring heran, während sie sich nach den Enden
zu verjüngen (Schema in Abb. 7, III).

2. *Datura Stramonium var. Tatula.*

Etwas Ähnliches wie beim *Peperomia*-Blattstiel liegt bei den
Datura-Sprossen vor, besonders deutlich bei der rot gefärbten
Datura Tatula (Abb. 8). Die Rotfärbung wird hier von einer
großen Zahl kleiner grünlicher Flecken durchsetzt, in denen sich je
eine Spaltöffnung befindet, vielfach in der Mitte des Feldes oder
aber an einem der polaren Enden. Die Spaltrichtung ist unregelmäßig und weicht zumeist von der Längsrichtung ab.

Das Anthozyan ist hier in den großen Hypodermazellen lokalisiert, während die Epidermis selbst frei davon ist. Auf das unverdickte Hypoderma folgt nach innen ein bis zu 7 Zellagen breiter kollenchymatischer äußerer Rindenring, der sich in die großzellige parenchymatische innere Rinde fortsetzt. Im Bereich einer Spaltöffnung ist die Färbung regel-

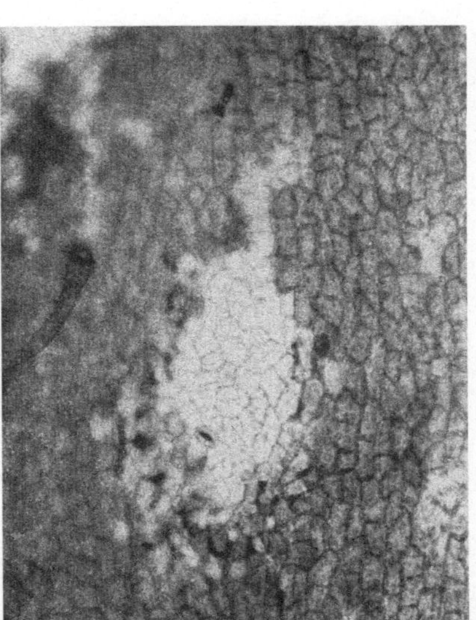

Abb. 8. *Datura Stramonium var. Tatula.* Sproßabschnitt mit Frucht. In den kleinen hellen Flecken der Sproßepidermis befindet sich je eine Spaltöffnung.

Abb. 9. *Datura Stramonium var. Tatula.* Ein Spaltöffnungsbereich in der Sproßepidermis.

mäßig unterbrochen, wodurch die Felderung in Erscheinung tritt (Abb. 9—11). Unter jedem einzelnen Feld befindet sich wiederum ein charakteristisches Assimilationsgewebe, das den Kollenchymring durchsetzt.

Datura Stramonium hat ganz ähnliche Anordnung der Stomata. Sie tritt aber bei oberflächlicher Betrachtung wegen der gleichmäßig grünen Färbung der Rinde nicht hervor.

Eine entsprechende Verteilung der Spaltöffnungen zeigen ebenfalls die jungen Sprosse keimender Kartoffelknollen (*Solanum tuberosum*). An den farblosen Keimen läßt sich zuweilen deutlich eine feine violette Punktierung bzw. Strichelung erkennen, die von einer Anthozyanfärbung der betreffenden Stellen in der subepidermalen äußersten Rindenschicht herrührt, während die Epidermis, ebenso wie bei Datura, farblos bleibt. Über den Farbfeldern aber befindet sich regelmäßig eine längsorientierte Spaltöffnung, während die farblosen Flächen völlig frei von Schließzellen sind. Man kann also an derartigen Kartoffelkeimen schon

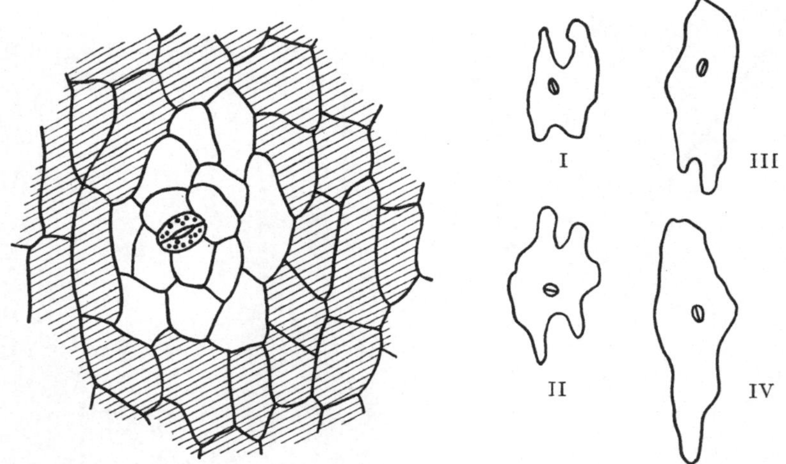

Abb. 10. *Datura Stramonium var. Tatula.* Ausschnitt aus der Sproßepidermis mit Spaltöffnung. Unterhalb der schraffierten Epidermiszellen führt das Hypoderma Anthozyan.

Abb. 11. *Datura Stramonium var. Tatula.* I—IV verschiedene Formen der Spaltöffnungsfelder.

mit bloßem Auge die Anzahl der an ihnen vorkommenden Stomata ablesen. Es sei bereits an dieser Stelle darauf hingewiesen, daß in der Farbstoffkonzentration von den innersten Zellen eines solchen Feldes nach den außen liegenden eine Abnahme zu erkennen ist, eine Tatsache, auf die wir bei Behandlung der Hortensie (S. 20) sowie im III. Abschnitt noch einmal zurückkommen müssen.

3. *Begonia semperflorens.*

Die deutlich sichtbaren länglichen Felder auf den Sprossen dieser Pflanze weisen wiederum in ihrem Zentrum je eine Spaltöffnung auf, deren Spalt nur selten in der Achsenrichtung liegt. Die Bildung der Schließzellen am jungen Sproß wird zu einem Zeitpunkt eingeleitet, in dem die Streckung der Epidermiszellen einsetzt. In diesem Stadium treten an bestimmten, engbegrenzten Stellen im Gegensatz zu dem Verhalten der Umgebung lebhafte

Zellteilungen ein, die zur Bildung der Schließzellen führen und die auch dann noch fortgesetzt werden, wenn die Spaltöffnung bereits ausgebildet ist. So kommt es, daß wir das fertige Stoma stets

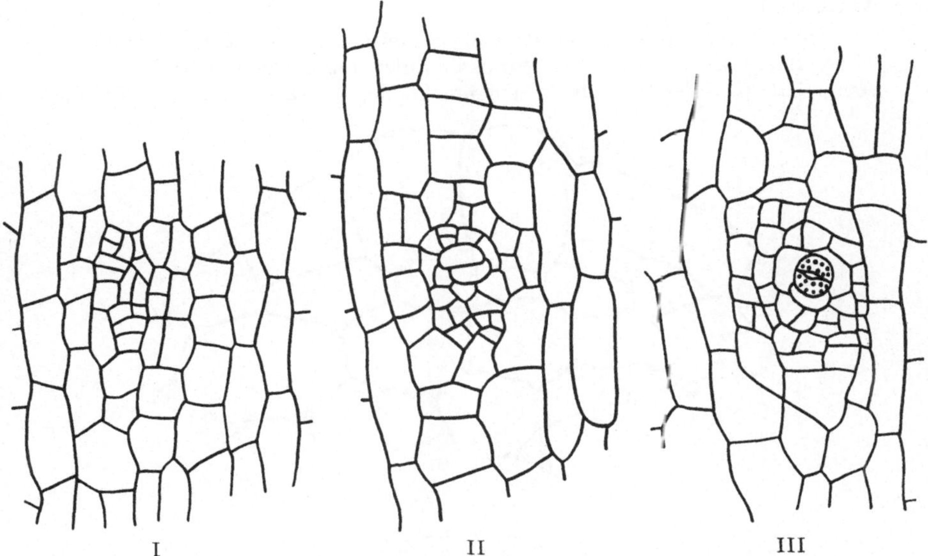

I   II   III

Abb. 12. *Begonia semperflorens.* I—III Entwicklungsstadien eines Spaltöffnungsfeldes.

von einer größeren Gruppe kleiner Zellen umgeben antreffen, die den Kern des Feldes darstellen (Abb. 12, I—III). Bemerkenswert ist dabei die im Hinblick auf die Umgebung stets unregelmäßige Wandziehung. Gleichzeitig mit diesem Zellteilungsbeginn setzt die Differenzierung der subepidermalen Rindenschichten ein, so daß sich zu diesem Zeitpunkt auch jeweils der Assimilationskeil auszubilden beginnt.

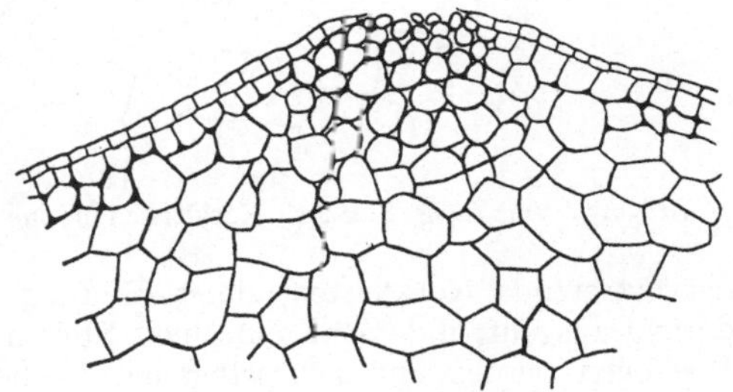

Abb. 13. *Begonia semperflorens.* Beginn einer Lentizellenbildung.

Auf dieses Verhalten werden wir bei anderen Beispielen noch zurückkommen.

An alten Sproßteilen können die Spaltöffnungsbereiche zur Lentizellenbildung übergehen, indem das epidermale Abschlußgewebe abstirbt und unterhalb des Assimilationsgewebes in der Rinde Zellteilungen auftreten, die in schwachem Maße Füllzellen bilden (Abb. 13). Über dieses Anfangsstadium hinaus aber habe

ich bei *Begonia semperflorens* bisher Lentizellenbildung nicht beobachten können. Es sei schließlich noch hinzugefügt, daß viele
andere Begonien sich ganz ähnlich wie die hier behandelte Art
verhalten.

Nicht verwechselt werden darf diese Lentizellenbildung mit der Zeich-
nung, die an älteren *Impatiens*-Sprossen aufzutreten pflegt, z. B. bei *Impatiens Sultani.* Hier handelt es sich um kleine, schwach und unregelmäßig

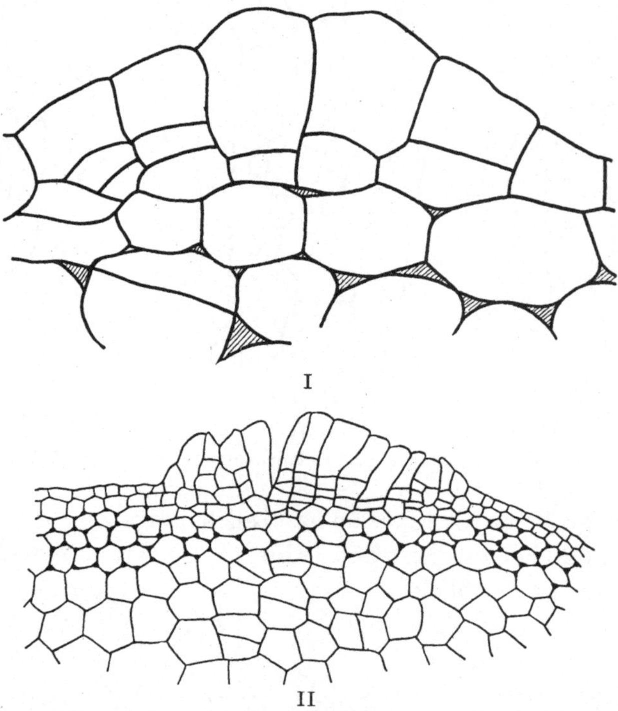

Abb. 14. *Impatiens Sultani.* Korkleistenbildung aus der Sproßepidermis heraus.

hervortretende Korkleisten, deren Bildung im wesentlichen von der Epidermis ausgeht, indem an einzelnen Stellen die Epidermiszellen zu einem
Phellogen werden und sich selbst nach außen vorwölben (Abb. 14, I—II).
An älteren Stengelteilen können diese Leisten aufreißen und auf diese Weise
vielleicht eine lentizellenartige Funktion annehmen, was hier um so verständ-
licher ist, als Spaltöffnungen am ganzen Stengel zu fehlen scheinen. Dafür
spricht ferner, daß die schwach kollenchymatische äußerste Rinde mehr
oder weniger durchbrochen wird und in dem nach innen folgenden Rinden-
bereich außergewöhnliche Zellteilungen auftreten können.

4. *Silphium perfoliatum.*

Mit dieser Komposite gehen wir zu den Pflanzen über, deren
Felderung äußerlich derjenigen von *Begonia* etwa entspricht, die
aber in jedem Feld regelmäßig mehr als eine Spaltöffnung besitzen.

In der Regel sind es hier drei bis sechs, die fast stets serial angeordnet sind, jedesmal einen mehr oder weniger großen Abstand zwischen sich lassend (Abb. 15). Die Epidermis im Spaltöffnungsbereich zeichnet sich wiederum gegenüber den langgestreckten Epidermiszellen der Umgebung durch unregelmäßige Zellteilungen aus, die zur Bildung einzelner Spaltöffnungen führen (Abb. 15, II)

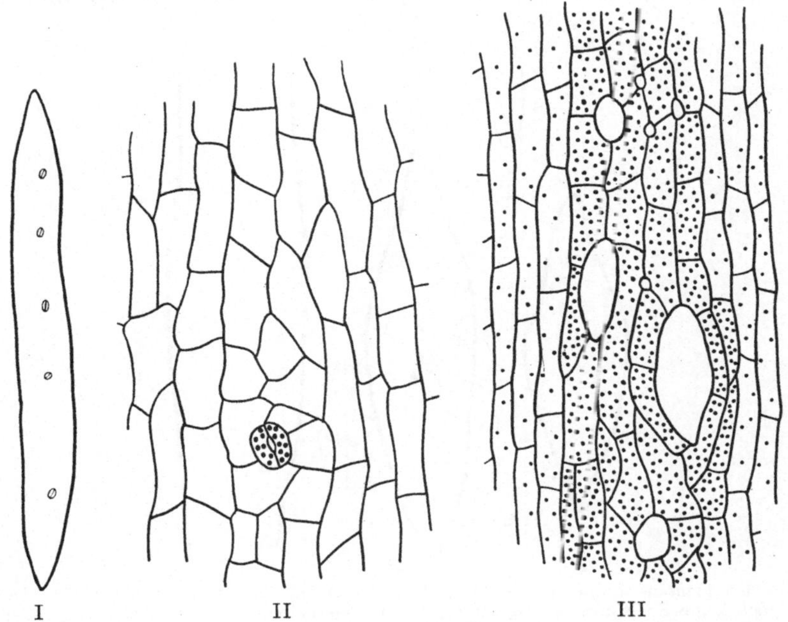

I   II   III

Abb. 15. *Silphium perfoliatum*. I Spaltöffnungsbereich; II Spitze einer Spaltöffnungsgruppe bei stärkerer Vergrößerung; III subepidermaler Tangentialschnitt im Bereich einer Spaltöffnungsgruppe. II und III bei gleicher Vergrößerung.

Der Assimilationskeil tritt auf einem subepidermalen Tangentialschnitt besonders deutlich hervor (Abb. 15 III). Er hebt sich durch seinen Chlorophyll- und Interzellularenreichtum scharf gegen das umgebende, weit chlorophyllärmere Rindenparenchym mit seinen dicht zusammenschließenden Zellen ab.

5. *Acanthus ilicifolius*.

Besonders groß erscheinen die Spaltöffnungsfelder an den krautigen Stengelteilen mancher *Acanthus*-Arten, so bei *Acanthus ilicifolius*. Die Entwicklungsfolge eines solchen Feldes ist in den Abb. 16, I—IV dargestellt. Die Zahl der in einer Gruppe auftretenden Spaltöffnungen kann zehn übersteigen. Deren Anordnung ist ziemlich unregelmäßig im Zentrum eines großen Feldes, das namentlich in der Längsrichtung stark ausgedehnt sein kann (Abb. 16, IV). Die Entwicklung ist dabei im einzelnen folgende: Während die jüngsten, noch unentwickelten Internodien ein völlig einheitliches Dermatogen aufweisen, treten zu Beginn der Internodienstreckung anfänglich sehr kleine Zellbezirke hervor, die sich, ähnlich wie wir es für *Begonia* geschildert haben, durch starke, unregelmäßige

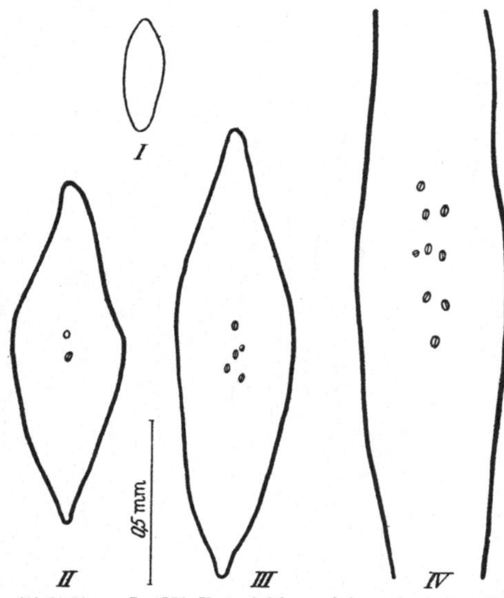

Abb. 16. *Acanthus ilicifolius*. I—IV Entwicklungsfolge eines Spaltöffnungsfeldes. In I ist noch keine Spaltöffnung ausgebildet, in II ist oberhalb der ersten Spaltöffnung bereits die Mutterzelle einer zweiten aufgetreten.

Teilungstätigkeit auszeichnen, während die benachbarten Epidermisbereiche vorwiegend in Zellstreckung eintreten (Abb. 17, I—IV). Die Zellteilungen führen zur Bildung von Spaltöffnungsmutterzellen, aus denen dann die Stomata hervorgehen. Bemerkenswert dabei ist, daß Zellteilungen und damit Spaltöffnungsbildung nicht in einem größeren Bereich gleichzeitig einsetzen, sondern sich von einem Zentrum aus fortpflanzen, eine Tatsache, die wir auch in allen anderen derartigen Fällen beobachten können.

Daß den Feldern auch hier wieder Assimilationskeile entsprechen, die in die äußere Rinde eingelagert sind, zeigen die Querschnitte, die in Abb. 18 dargestellt sind. Abb. 18, I veranschaulicht einen Sektor aus einem Sproßquerschnitt. Auf die Epidermis folgt nach innen die kollenchymatische äußere Rinde, die von einem

Assimilationskomplex unterbrochen wird, der im Bilde seines reichen Chlorophyllgehalts wegen dunkel erscheint. An die äußere Rinde schließt sich die aerenchymatische innere Rinde an, dann folgen Holzkörper und Mark. Abb. 18, II zeigt den Assimilations-

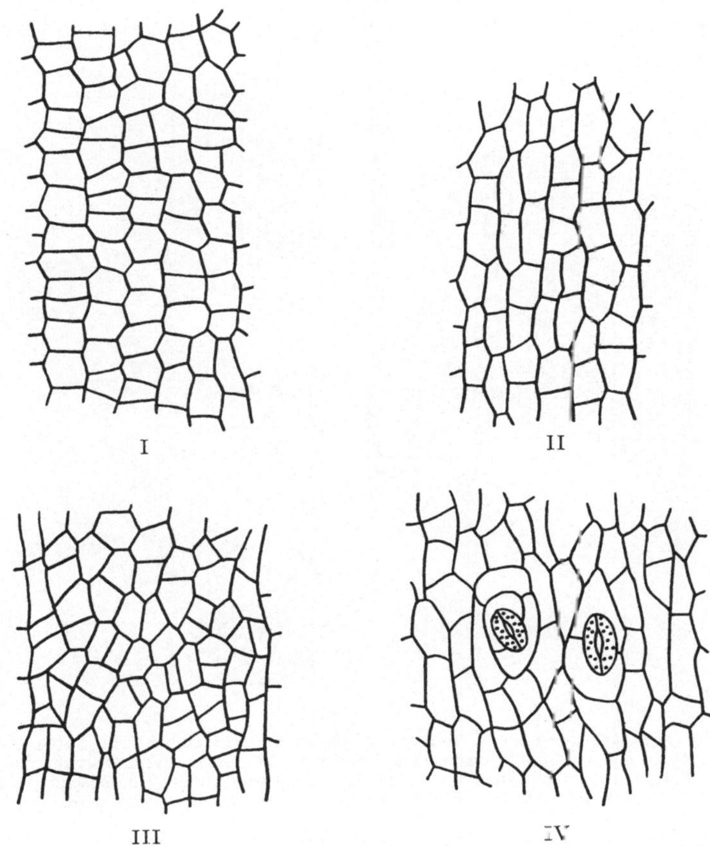

Abb. 17. *Acanthus ilicifolius*. Entwicklungsstadien eines Spaltöffnungsfeldes bei stärkerer Vergrößerung. I Sproßepidermis vor dem Sichtbarwerden eines Feldes; II Epidermiszellen bei einsetzender Zellstreckung; III zu gleichem Zeitpunkt wie in II einsetzende Felddifferenzierung; IV zwei benachbarte Spaltöffnungen aus einem entwickelten Feld.

keil stärker vergrößert. Man erkennt, daß er unterhalb der äußersten subepidermalen Rindenschicht beginnt und sich bis an die Grenze der inneren Rinde fortsetzt, die hier im allgemeinen von der äußeren durch einen 1—2 Zellagen breiten chlorophyllführenden Gewebering abgegrenzt wird. Das Hypoderma selbst ist nur unterhalb der einzelnen Spaltöffnungen unterbrochen. Man vergleiche hierzu auch das Schema in Abb. 19.

6. *Coleus scutellarioides.*

Eine deutliche Gruppenbildung zeigen auch die Sprosse der bei uns kultivierten Varietäten von *Coleus scutellari ides.* Die Felder treten besonders dann hervor, wenn sie anthozyanführend sind (Abb. 20). Der Farbstoff ist dann stets auf die epidermalen Feldzellen beschränkt, wobei die Schließzellen jeweils frei davon bleiben.

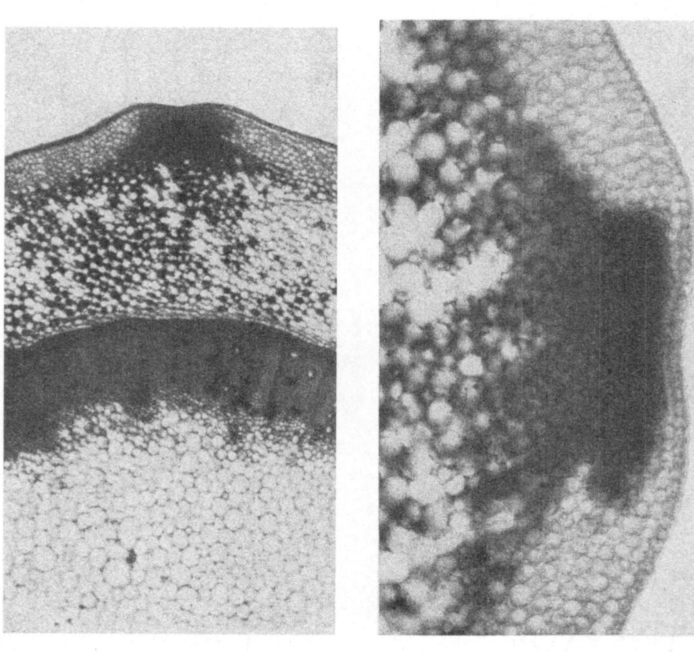

I   II

Abb. 18. *Acanthus ilicifolius.* I Ausschnitt aus einem Querschnitt eines Sprosses, dessen äußere Rinde einen Assimilationskeil zeigt, der in II bei stärkerer Vergrößerung dargestellt ist. Man erkennt deutlich, wie die stark kollenchymatische äußere Rindenschicht von dem reichlich chlorophyllführenden Parenchym unterbrochen wird.

Die Bildung der Felder erfolgt ganz entsprechend dem bei *Acanthus* geschilderten Vorgang mit dem Unterschied, daß die Spaltöffnungen hier meist über das ganze Feld verteilt sind und ihre Zahl diejenige bei *Acanthus* noch übertrifft (Abb. 21, I—IV). Die Bildung der Spaltöffnungsmutterzellen erfolgt schon sehr frühzeitig im Zentrum des bereits bei *Begonia* und *Acanthus* erwähnten kleinen Teilungskomplexes (Abb. 21, I). Dieser Komplex erweitert sich im Laufe des Sproßwachstums, namentlich in der Längsrichtung, und gibt so für weitere Spaltöffnungen Raum. Die Bildung beginnt aber stets mit einem einzigen Stoma, wie es die Entwicklungsfolge in Abb. 21 veranschaulicht. Zuweilen läßt sich auch aus der Größe der Schließzellen ein Rückschluß auf die Reihenfolge der Entstehung ziehen, indem die zuletzt gebildeten deutlich kleiner sind als die zuerst angelegten. Der Rindenquerschnitt zeigt wiederum den Assimilationskeil mit den großen Interzellularen. Auffallend ist die Hervorwölbung der Schließzellen, wie sie aus Abb. 22 ersichtlich ist.

Ältere *Coleus*-Sprosse zeigen schwache Peridermbildung. Wenn solche Sproßstücke längere Zeit als Wasserstecklinge behandelt werden, können die Spaltöffnungsfelder an den untergetauchten Abschnitten in Lentizellen übergehen, eine Erscheinung, die bei Holzgewächsen normal erfolgt (Abb. 23)[2]. Für diese kann auf die Darstellung von STAHL (1873, S. 577) verwiesen werden.

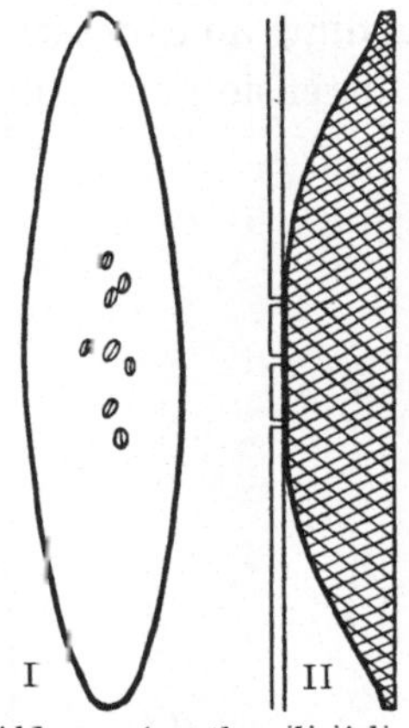

Abb. 19. *Acanthus ilicifolius*. I—II Schema eines Spaltöffnungsbereiches und dessen Längsschnittes. Vgl. Abb. 7.

Abb. 20. *Coleus scutellarioides*. Sproßabschnitt.

---

[2] Ich vermutete, daß die Lentizellenbildung an den Wasserstecklingen durch Sauerstoffmangel hervorgerufen wird. Um dies nachzuprüfen, wurden folgende Versuche angesetzt, deren Ergebnisse jedoch diese Vermutung nicht bestätigten. Es wurden eine Reihe von *Coleus*-Topfpflanzen an der Basis über eine Länge von zwei wohlausgebildeten Internodien dick in Watte ein-

7. *Hydrangea opuloides.*

Ein sehr eindrucksvolles Beispiel für die Spaltöffnungsgruppenbildung an Sprossen bietet die in unseren Gewächshäusern gezogene Hortensie dar. Auch hier wieder zeigen solche Pflanzen die Verhältnisse besonders deutlich, bei denen sich die Felder als rote Bezirke scharf von der grünen Rinde abheben (Abb. 24). Es handelt sich dabei wiederum um eine Anthozyanfärbung der auf die Epidermis folgenden Zellschicht, die es gestattet, die Feldentwicklung genau zu verfolgen. An sehr jungen Sproßteilen mit noch völlig einheitlicher Epidermis treten plötzlich kleine rote Flecken auf, die anfangs nicht mehr als 10—15 Zellen umfassen (Abb. 25, I). Durch Teilungstätigkeit vergrößern sich diese Bezirke bald, aber beim Heranwachsen wird im zentralen Bereich der Farbstoff wieder abgebaut, und in dieser wieder farblos gewordenen Zone kommt es jetzt zur Ausbildung von Spaltöffnungen in entsprechender Weise, wie wir es früher bereits geschildert haben. In demselben Maße, wie nun das Anthozyanfeld sich ausweitet,

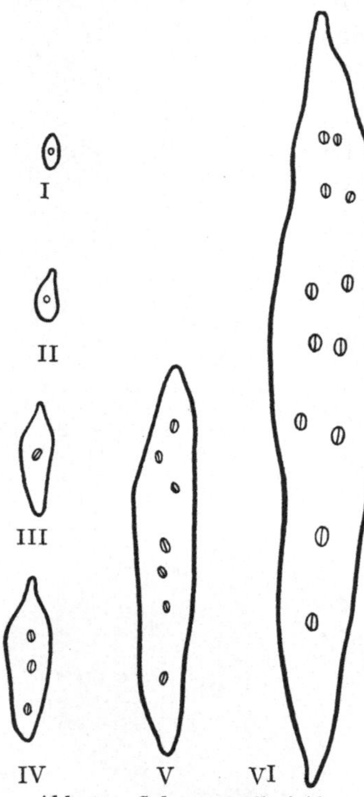

Abb. 21. *Coleus scutellarioides.*
I—VI Entwicklungsstadien eines
Spaltöffnungsfeldes.

vergrößert sich der innere farblose Teil, was im wesentlichen durch Abbau des Farbstoffes erfolgt (Abb. 25 und 26).

---

gehüllt. Bei der einen Hälfte der Versuchspflanzen wurde dieses Wattepolster stets feucht gehalten. Bei der anderen Hälfte blieb es dagegen trocken und wurde mit Staniol umgeben, dessen Ränder und Berührungszonen mit dem Sproß mit Paraffin überzogen wurden, um einen luftdichten Abschluß zu erzielen. Nach einer Versuchsdauer von etwa 7 Wochen wurden die Bandagen in beiden Fällen entfernt. Das Ergebnis war insofern überraschend, als Lentizellenbildung nirgends eingetreten war. Die feucht gehaltenen Sprosse zeigten überhaupt keine Veränderungen, während an den trocken gehaltenen und luftdicht abgeschlossenen eine große Anzahl von sproßbürtigen Wurzelanlagen die Rinde durchbrochen und teilweise eine Länge bis zu 2 mm erreicht hatten. Diese Versuche müssen noch fortgesetzt und erweitert werden, ehe ihre Diskussion möglich ist.

Bemerkenswert ist, daß die Konzentration des Farbstoffes in der gefärbten Zone von innen nach außen fortschreitend vielfach deutlich abnimmt, denn die inneren Hypodermalzellen erscheinen sehr oft viel dunkler als die äußeren ein- und desselben Feldes, eine Tatsache, die schon bei Betrachtung der Kartoffelkeime gestreift

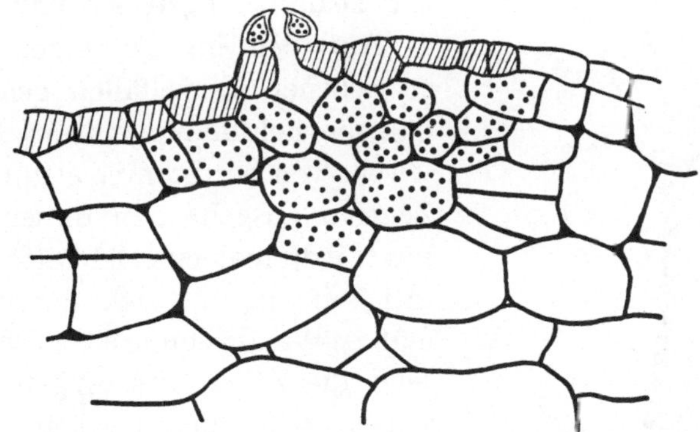

Abb. 22. *Coleus scutellarioides.* Querschnitt durch einen Spaltöffnungsbereich. Die schraffierten Epidermiszellen führen Anthocyan.

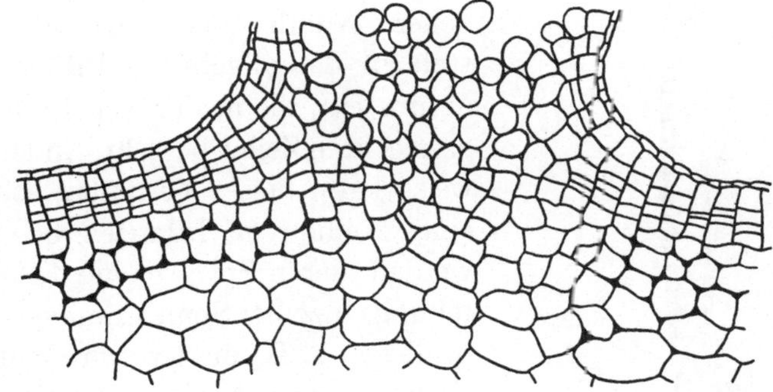

Abb. 23. *Coleus scutellarioides.* Querschnitt durch eine Lentizelle, die sich an einem Wassersteckling gebildet hat.

wurde (S. 12). Diese Erscheinung konnte ich übrigens auch bei *Lactuca Serriola* und in ähnlicher Weise bei *Coleus* beobachten, worauf im III. Abschnitt noch einmal zurückzukommen sein wird.

Ebenso wie bei *Coleus* wird auch bei *Lactuca* der Farbstoff von der Epidermis geführt, nur vereinzelt dagegen von subepidermalen Zellen. Bei *Lactuca* ist die Bildung der Spaltöffnungen nicht immer an die Anthozyanfelder gebunden. In solchen Fällen ist die Gruppierung schwer zu erkennen, jedoch stets vorhanden. Meist liegen 2—4 Stomata in einer Reihe in einem Abstand von 1—7 Zellen, seltener liegen auch in geringerem Abstand (1—3 Zellen) einige

wenige Spaltöffnungen links oder rechts seitlich neben der Haupt-
reihe. Die Spaltrichtung ist hier meist längs orientiert, seltener
liegen die Spalten schräg zur Achsen-
richtung.

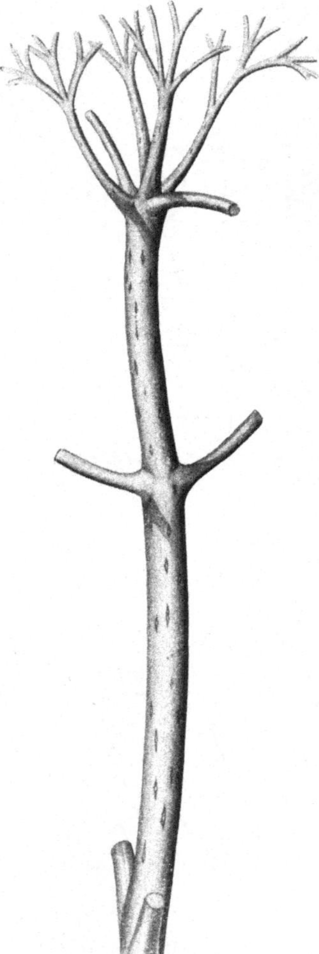

Abb. 24. *Hydrangea opuloides.*
Sproßabschnitt
mit Spaltöffnungsfeldern.

III. Allgemeines über die Entwicklung der Spaltöffnungsfelder und Gruppen.

Aus den im Vorhergehenden be-
schriebenen Einzelfällen geht hervor,
daß die Feldbildung in der Epidermis
jeweils von bestimmten engumgrenzten
Zentren ausgeht. In diesen Bezirken
setzt jedesmal eine lebhafte Teilungstätigkeit ein, die sich durch unregelmäßige Wandziehung auszeichnet, während die Zellen des umgebenden Gewebes sich zu strecken beginnen.
Selbstverständlich können auch bei
diesen noch Teilungen auftreten, die
neuen Wände fügen sich aber dann
stets in das allgemeine Bild der Epidermis ein, die in der Regel aus längs-
gestreckten Zellen besteht. Andeutungsweise kann dieses Verhalten schon bei
einer Reihe von Pflanzen beobachtet
werden, deren Sprosse eine diffuse Verteilung einzelner Spaltöffnungen zeigen.
So liegen z. B. in der Sproßepidermis
einer *Paeonia spec.* sehr zerstreut einzelne Spaltöffnungen inmitten der aus
langgestreckten Zellen bestehenden
Epidermis. In unmittelbarer Nachbarschaft der Stomata aber sind stets einige
unregelmäßige Teilungen erfolgt, die
den Beginn einer Feldbildung darstellen

(Abb. 27, I). Von diesen Anfängen bis zur ausgesprochenen Gruppierung gibt es alle Übergänge. Ein solches Beispiel ist in Abb. 27, II
noch vorgeführt, es zeigt eine aus 2 Spaltöffnungen bestehende
Gruppe in der Sproßepidermis von *Lactuca Serriola.* Namentlich
im unteren Teil des Feldes sind die erfolgten Zellteilungen noch
deutlich wahrzunehmen. Weiter fortgeschritten bieten sich die

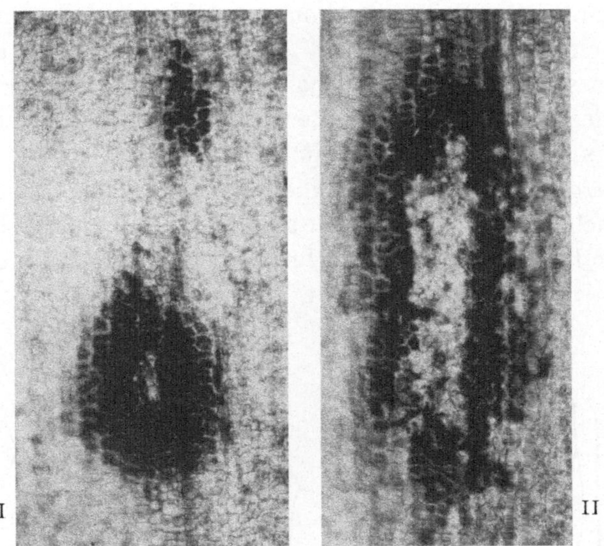

Abb. 25. *Hydrangea opuloides.* I—II Spaltöffnungsfelder in verschiedenen Entwicklungsstadien.

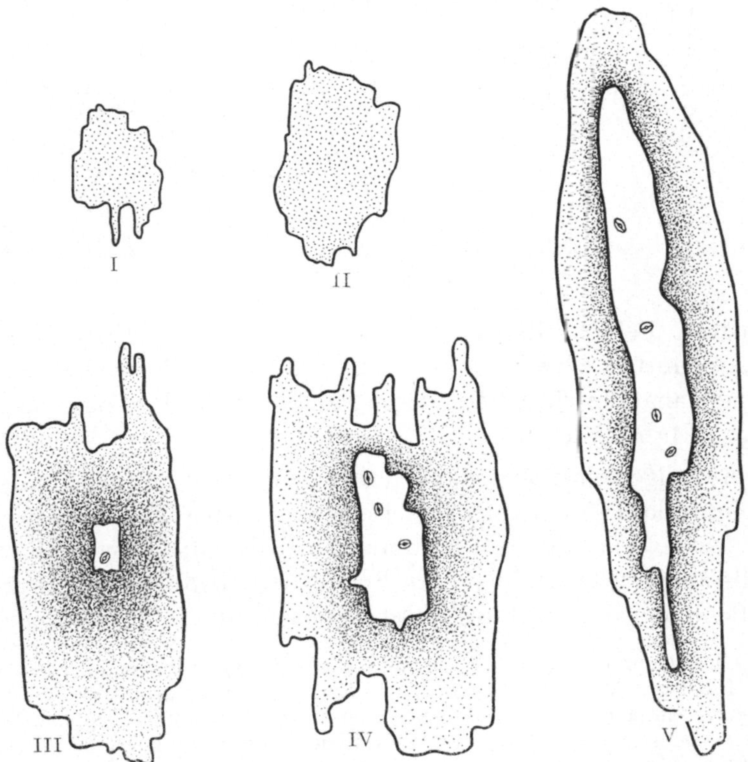

Abb. 26. *Hydrangea opulcides.* I—V Entwicklungsstadien von Spaltöffnungsfeldern.

Arealbildungen z. B. bei bestimmten *Aster*-Arten dar, namentlich bei verschiedenen Formen von *Aster Novi Belgi*, wie es Abb. 28 für einen solchen Fall veranschaulicht. Auch aus der Familie der Gesneriaceen lassen sich viele Beispiele hierfür heranziehen. Durch besonders rege Zellteilungen im Feldbereich zeichnet sich z. B. *Chirita Horsfeldii* aus, bei der die Felderung schon am Hypokotyl wahrzunehmen ist[3]. Infolge der starken Aufteilung der Epidermiszellen sind die Feldzellen hier sehr klein. Die meist langgestreckten,

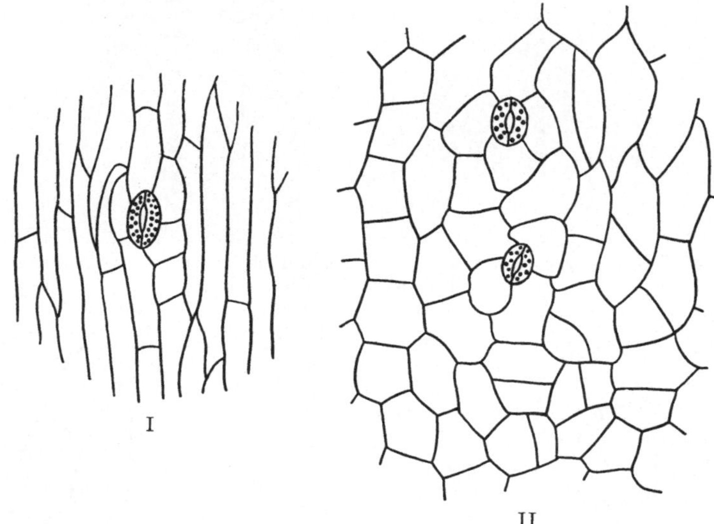

I

II

Abb. 27. I *Paeonia spec.*, Sproßepidermis mit Spaltöffnung. II *Lactuca Serriola*, aus 2 Spaltöffnungen bestehende Gruppe.

schmalen Felder selbst sind schwach nach außen vorgewölbt. Ein Querschnitt durch ein solches Feld ist in Abb. 29, II wiedergegeben, der die anatomischen Veränderungen gegenüber dem Bau der sonstigen Sproßrinde (Abb. 29, I) deutlich zeigt.

Als allgemeiner Zug kann ferner festgestellt werden, daß mit beginnender Feldbildung in der Regel die strenge Längsorientierung der Schließzellenpaare aufhört und die Spaltrichtung variabel wird. Vollständige Querstellung des Spaltes ist allerdings selten anzutreffen. Bei der Deutung dieser Beobachtung können wir an die

---

[3] Die Entwicklung von Spaltöffnungen am Hypokotyl bedarf hier noch der Klärung. Während bei alten Pflanzen am Hypokotyl stets Stomata festzustellen sind, konnten sie bei Keimpflanzen mit einer Hypokotyllänge von 2—3 cm noch nicht aufgefunden werden. Ihre Bildung scheint also recht spät zu erfolgen.

Untersuchungen GOEBELS (1922, S. 48) anknüpfen, die sich mit dem Zustandekommen der Spaltrichtung bei Spaltöffnungen an Blattorganen befassen. Hiernach erfolgt die Anlage des Spaltes stets in der Richtung des embryonalen Wachstums, in der Regel also in Richtung der Hauptnerven. Dies trifft nach meinen Beobachtungen auch überall da zu, wo am Sproß vereinzelte Spaltöffnungen auftreten. In diesem Fall liegen die Spalten also in der Längsrichtung. Wenn an Blättern s p ä t e r Spaltöffnungen entstehen, so können diese un-

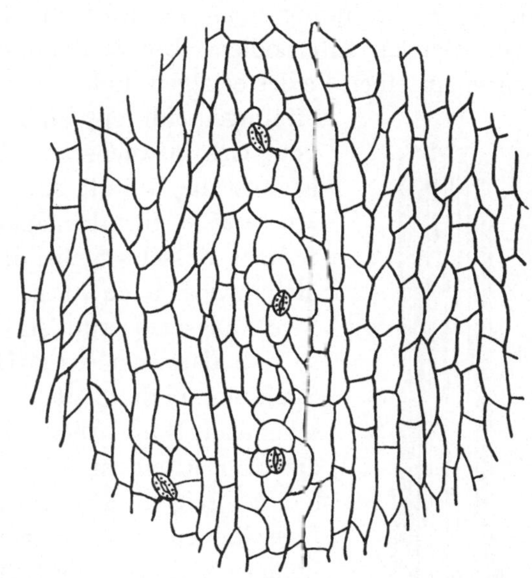

Abb. 28. *Aster spec.* Ausschnitt aus der Epidermis eines Sprosses mit Spaltöffnungsgruppe.

regelmäßig angeordnet sein; ihre Spaltrichtung ist dann allein abhängig von der Gestalt der Spaltöffnungsmutterzelle. Etwas

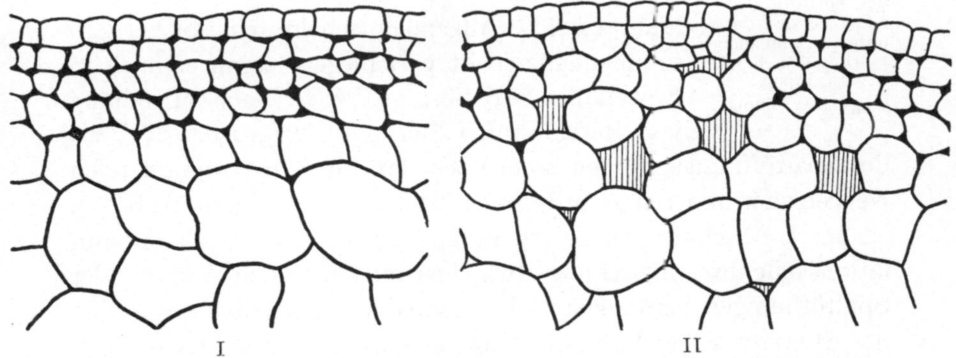

I   II

Abb. 29. *Chirita Horsfeldii.* Querschnitte durch die Rinde des Epikotyls einer älteren Pflanze. I durch einen spaltöffnungsfreien Rindenteil; II durch einen solchen mit Spaltöffnungsfeld.

Entsprechendes liegt bei der Stomatabildung in den einzelnen Feldbereichen vor. Eine Polarität im GOEBELschen Sinne ist auch hier vorhanden, sie gilt aber streng genommen nur für

das Feld als Ganzes, das in jedem Fall in der Längsrichtung ausgedehnt erscheint. Die charakteristische spindelförmige Gestalt
dieser Spaltöffnungsareale resultiert aus der Wachstumsweise der
betreffenden Internodien. Die Zellteilungen aber, die im Innern
eines einzelnen Feldes erfolgen und so auch zur Bildung der Spaltöffnungen führen, sind weitgehend unabhängig
vom Gesamtwachstum der Epidermis. Deshalb
ist hier die Gestalt bzw. die Lage der jeweiligen
Mutterzelle für die Spaltrichtung des späteren
Stomas ausschlaggebend. In vielen Fällen allerdings wird auch diese noch vom allgemeinen
Streckungswachstum erfaßt oder doch beeinflußt,
so daß dann eine ungefähre Längsrichtung der
Spalten innerhalb der einzelnen Felder vorherrschend ist. Namentlich solche Spaltöffnungen aber,
die sich in einem Areal relativ spät entwickelt
haben, zeigen eine abweichende Spaltrichtung.
Dasselbe gilt von solchen Stomata, die sich in
Feldern befinden, die sich durch besonders starke
und lang anhaltende Teilungsfähigkeit ihrer Epidermiszellen auszeichnen (*Chirita Horsfeldii!*).

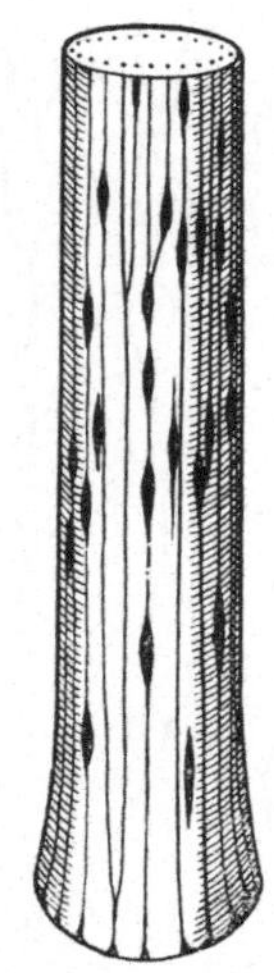

Abb. 30. *Chirita Horsfeldii.* Sproßausschnitt aus dem Epikotyl einer älteren Pflanze, der die Lagebeziehung der Spaltöffnungsfelder zu den darunter verlaufenden Leitbündeln veranschaulicht. Original W. Troll.

Zu prüfen wäre noch, ob eine regelmäßig
wiederkehrende Beziehung zwischen dem Auftreten solcher Felder und dem Leitbündelverlauf besteht. Allgemein scheint ein solcher Zusammenhang nicht vorzuliegen, wenn er auch in
Einzelfällen existiert, so z. B. nach Mitteilung
von Herrn Prof. Troll bei *Chirita Horsfeldii*, wo
die Spaltöffnungsgruppen stets über den im Sproß verlaufenden
Nerven oder in deren unmittelbarer Nachbarschaft liegen (Abb. 3).

Im I. Abschnitt wurde die Frage aufgeworfen, ob die Assimilationskeile ihre Entstehung etwa einer induzierenden Wirkung der
Spaltöffnungen verdanken. Eine derartige unmittelbare Wirkung
der Stomata selbst kann nicht angenommen werden. Es ist vielmehr so, daß zu dem Zeitpunkt, an dem sich in der Epidermis
die Feldzentren abzuheben beginnen, gleichzeitig auch die darunter
liegenden Gewebeschichten sich zu differenzieren anfangen. Dabei
bleibt freilich die Möglichkeit bestehen, daß von der epidermalen
Initialgruppe zugleich eine Flächenwirkung ausgeht, die zur Bildung der Spaltöffnungsfelder führt, und eine Tiefenwirkung, die

die örtlich abweichende Struktur des äußeren Rindengewebes verursacht. Eine Entscheidung darüber ist noch nicht möglich. Die Interzellularenbildung erfolgt also Hand in Hand mit dem Fortschreiten der Teilungstätigkeit der Feldzellen und der Ausbildung der Stomata. Es kann auch nicht angenommen werden, daß die Feldbildung jeweils von einer bestimmten, einzigen Zelle ausgeht. Es scheint sich vielmehr jedesmal um eine Zellgruppe zu handeln, die zum Bildungszentrum für das spätere Feld wird. Besonders deutlich wird dies am Beispiel von *Hydrangea*, wo unterhalb der epidermalen Initialgruppe die subepidermalen Zellen anthozyanführend sind. Auch hier ist der Farbstoff anfangs niemals in einer einzelnen Zelle zu beobachten, sondern er tritt stets in einer kleinen Zellgruppe auf, deren Abgrenzung mit der Epidermisfeldgruppe zusammenfällt (Abb. 25, I). In anderen Fällen kann die Anthozyanbildung an die betreffenden Epidermiszellen selbst gebunden sein, so z. B. bei Coleus. Die Schließzellen sind stets frei vom Farbstoff. Allerdings können wir auch für diese Frage die von GOEBEL (1922, S. 72) bei der Untersuchung von Blattorganen erzielten Ergebnisse heranziehen. Für die Bildung der Atemhöhle unterhalb der Blattspaltöffnungen sind hiernach die Spaltöffnungsmutterzellen verantwortlich zu machen, indem diese das umgebende Gewebe entsprechend zu beeinflussen scheinen. Diese Deutung stimmt mit meinen Beobachtungen überein. Was beim Blatt aber für das einzelne Stoma die Mutterzelle bedeutet, stellt für das Spaltöffnungsfeld am Sproß die Initialgruppe dar. Für die Stomata innerhalb eines Feldes liegen dann ganz entsprechende Verhältnisse wie beim Blatt vor.

Der Anthozyanfärbung kann man noch einen weiteren Hinweis entnehmen. Wie auf S. 21 bereits bemerkt wurde, ist in vielen Fällen hinsichtlich der Farbstoffverteilung ein deutliches Konzentrationsgefälle von den inneren Feldzellen zu den äußeren wahrzunehmen. Hieraus kann man vielleicht auf Vorgänge schließen, die die Verteilung der einzelnen Gruppen verständlich machen. Es ist möglich, daß von jedem Feld nach allen Richtungen hin eine stoffliche Beeinflussung ausgeht, die das Auftreten neuer Felder verhindert und die eigene Gruppe gegen das umgebende Gewebe isoliert. Die Intensität dieser Wirkung ist in unmittelbarer Feldnähe am größten und nimmt mit der Entfernung ab, um sich schließlich ganz zu verlieren. In den Zonen, in denen der hemmende Einfluß des Feldstoffes, wie das hypothetische Prinzip kurz bezeichnet sei, nicht mehr zur Geltung kommt, können weitere Initialgruppen in Erscheinung treten, die nun ihrerseits wieder als Ausgangspunkt einer hemmenden Wirkung gedacht werden können. Tatsächlich werden an jungen, wachsenden Internodien laufend neue Spaltöffnungsgruppen angelegt, was für diesen Erklärungsversuch sprechen mag. Mit fortschreitender Entwicklung des einzelnen Feldes scheint die Wirksamkeit des Feldstoffes immer

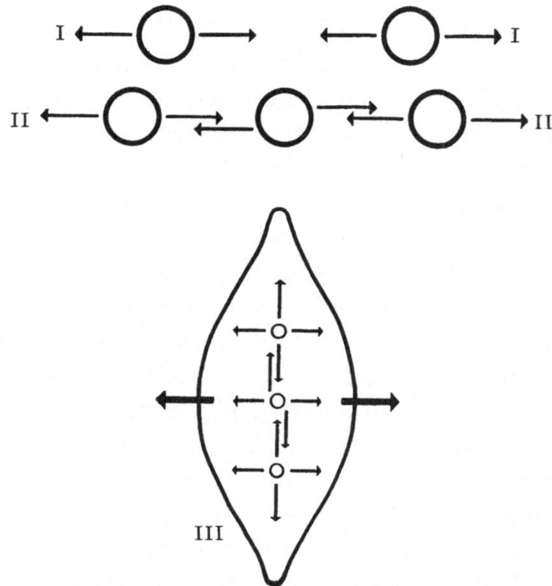

Abb. 31. Schema zur Veranschaulichung des hemmenden Einflusses eines hypothetischen „Feldstoffes". Neue Felder können sich nur da bilden, wo der Stoff nicht mehr wirksam ist (I und II). Innerhalb einer Spaltöffnungsgruppe liegen ähnliche Verhältnisse vor (III). Näheres im Text.

mehr von den Feldrändern nach außen auszugehen, während das Feldinnere nicht mehr davon betroffen wird. Hier dürfte ein anderer entsprechender Wirkstoff vorliegen, dessen hemmender Einfluß von der zuerst gebildeten Spaltöffnung ausgeht und erst da, wo seine Wirkung nicht mehr vorliegt, die Möglichkeit zur Bildung weiterer Spaltöffnungen schafft, die sich dann selbst wiederum so verhalten können. Daß dies so sein kann, zeigt das auf S. 20 geschilderte Beispiel der Hortensie, wo das im Feldzentrum liegende Anthozyan verschwindet und erst dann nacheinander die einzelnen Spaltöffnungen der Gruppe gebildet werden. Man vergleiche zu diesen Ausführungen das in Abb. 31 gegebene Schema! Nach dieser Vorstellung ist also grundsätzlich jede Epidermisstelle der Sprosse befähigt, Spaltöffnungsfelder bzw. einzelne Stomata hervorzubringen. Daß dies nicht geschieht, ist lediglich die Folge einer hemmenden Beeinflussung, die von jedem Bildungszentrum ausgeht und mit der Entfernung fortschreitend abnimmt.

Daß ein solches Gefälle vorstellbar ist, scheinen auch die Ausführungen zu bestätigen, die KÜSTER (1931, S. 70) bei der Betrachtung gewisser ring- oder augenähnlicher Blütenzeichnungen gemacht hat. Auch hierbei sieht es zuweilen so aus, ,,als ob in der Mitte ein Keim wirksam gewesen und rings um ihn eine Verarmungszone entstanden wäre''. Nach KÜSTER ist es denkbar, ,,daß eine dem LIESEGANGschen Vorgang irgendwie entsprechende Keimbildung irgendwelcher Art eine Differenzierung zustande bringt und ungleiche Stoffverteilung bewirkt, welche nicht die Teile einer Zelle sondern zellenreiche Schichten eines Gewebes betrifft''. Natürlich handelt es sich in allen diesen Fällen um Hypothesen, die noch näherer Begründung bedürfen.

In jüngster Zeit haben BÜNNING und SAGROMSKY (1947, S. 191) auf die Bedeutung dieser Vorgänge für das Problem der pflanzlichen Gewebedifferenzierung hingewiesen. Sie gehen ebenfalls von einem hemmenden Prinzip aus, das sich bei der Bildung des Spaltöffnungsmusters in der Blattepidermis auswirkt und vermuten, daß dieses mit dem Wundhormon identisch sei. Weitere eingehende Untersuchungen auf diesem Gebiet sind nicht nur wünschenswert, sondern werden sich auch als sehr fruchtbar erweisen.

Kurze Zusammenfassung.

1. Die Sprosse der meisten krautigen Pflanzen zeichnen sich durch den Besitz von Spaltöffnungen aus, die bei den einzelnen Arten entweder diffus in der Epidermis zerstreut liegen oder in eigenartiger Gruppierung angeordnet sind. Zwischen den Extremen sind alle Übergänge vorhanden.

2. Die Spaltöffnungsgruppen sind stets durch eine epidermale Feldbildung charakterisiert, die sich von dem umgebenden Gewebe durch unregelmäßig erfolgte Zellteilungen abhebt.

3. Die Feldbildung geht von einer kleinen Zellgruppe aus, die sich im Verlauf des Streckungswachstums der Internodien differenziert.

4. Das äußere Rindengewebe unterhalb eines Spaltöffnungsfeldes stellt in jedem Falle ein interzellularenreiches Assimilationsparenchym dar, das sich keilförmig in die oft kollenchymatische Rinde des betreffendes Sprosses einfügt. Seine Bildung kann nicht als Folge einer unmittelbar induzierenden Wirkung der Stomata angesehen werden, sondern sie erfolgt gleichzeitig mit der Bildung des epidermalen Spaltöffnungsfeldes.

5. Es wird angenommen, daß von jedem Feld ein Gefälle stofflicher Art ausgeht, in dessen Bereich die Bildung weiterer Initialgruppen verhindert wird. Deren Entstehung ist am wachsenden Sproß nur da möglich, wo der hemmende Einfluß nicht mehr vorhanden oder schon stark abgeschwächt ist. Ein entsprechendes Wirkungssystem scheint von den einzelnen Spaltöffnungen im Zentrum eines Feldes auszugehen.

Literatur.

De Bary, A.: Vergleichende Anatomie der Vegetationsorgane der Phanerogamen und Farne. Leipzig 1877. — Borodin, J.: Zur vergleichenden Anatomie der *Chrysosplenium*-Blätter. Arb. St. Petersb. Naturf. Ges. **14**, 32 (1883). Ref. Bot. Zbl. **19**, 291 (1884). — Bünning, E. u. H. Sagromsky: Die Bildung des Spaltöffnungsmusters in der Blattepidermis. Naturw. **34**, 191 (1947). — De Candolle, A. P.: Organographie der Gewächse. I. Übersetzung von C. F. Meisner. Stuttgart u. Tübingen 1828. — Czech: Untersuchungen über die Zahlenverhältnisse und die Verbreitung der Stomata. Bot. Ztg **23**, 101 (1865). — Goebel, K.: Gesetzmäßigkeiten im Blattaufbau. Botanische Abhandlungen, herausgeg. von Goebel, Heft 1. Jena 1922. — Küster, E.: Über Zonenbildung in kolloidalen Medien, 2. Aufl. Jena 1931. — Morren, E.: Détermination du nombre des Stomates chez quelques végetaux indigènes ou cultivés en Belgique. Bull. Acad. Méd. Belg., Brux., II. s. **16**, 489 (1863). — Solereder, H.: Systematische Anatomie der Dikotyledonen. Stuttgart 1899. — Stahl, E.: Entwicklungsgeschichte und Anatomie der Lentizellen. Bot. Ztg **31**, 561 (1873). — Trécul, M. A.: Remarques sur l'origine des lenticelles. C. r. Acad. Sci. **73**, 15 (1871). — Treviranus, L. C.: Physiologie der Gewächse. Bonn 1835. — Unger, F.: Die Exantheme der Pflanzen. Wien 1833. — Anatomie und Physiologie der Pflanzen. Pest, Wien u. Leipzig 1855. — Weber, H.: Morphologische und anatomische Untersuchungen über *Eichhornia crassipes*. Botanik l (1949). — Weiss, A.: Untersuchungen über die Zahlen- und Größenverhältnisse der Spaltöffnungen. Jb. Bot. **4** (1865—1866).

II. Ästivationsstudien an Campanulaceenblüten.

Von

Wilhelm Troll.

Mit 19 Textabbildungen.

Einleitung.

Die Blüten verschiedener Campanulaceen sind durch den Besitz eigenartiger Anhänge ausgezeichnet, die zwischen den Kelchblättern entspringen und mit ihrer Spitze meist rückwärts weisen. EICHLER ([1], Teil 1, S. 294) erwähnt sie für *Michauxia* und *Campanula* Sect. *Medium*, eine Sektion, die vor allem durch *Campanula Medium* repräsentiert wird. Diese Art verfügt über Kelchanhängsel, die bei erheblicher Breite an ihrem Rande so stark revolutiv gekrümmt sind, daß sie wie blasig aufgetrieben erscheinen. SCHÖNLAND ([9], S. 44) nennt als weitere Beispiele Arten von *Symphyandra, Hedraeanthus* und *Lobelia*.

Ähnliche Bildungen begegnen uns vereinzelt anderwärts, namentlich bei Arten der Hydrophyllaceengattung *Nemophila* wie *N. maculata, N. insignis* und *N. phacelioides*. PETER ([7], S. 55) sagt vom Kelch dieser Gattung: ,,Buchten meist mit abstehenden oder zurückgeschlagenen Anhängseln.'' Auch zahlreiche Lythraceen sind zu nennen, unter anderem Arten der Gattungen *Cuphea* und *Lagerstroemia*.

Eine morphologische Deutung konnten die Kelchanhängsel der Campanulaceen bislang nicht erfahren. EICHLER ([1], Teil 1, S. 294) begnügt sich mit der Bemerkung, daß sie ,,wohl als Kommissuralgebilde zu betrachten'' seien, will sagen als Auswüchse, welche im Bereich der zwischen den Kelchblättern anzunehmenden Nahtlinien entstehen. Ein erklärender Wert kommt dieser Auffassung nicht zu. Sie verdeckt das Problem vielmehr mit einem bloßen Wort. GOEBEL ([3], S. 1875) meint demgegenüber, die Kommissuralzipfel erinnerten einigermaßen an den Außenkelch der Potentilleen. ,,Aber die Campanulaceen haben'', wie er fortfährt, ,,keine

Nebenblätter und man wird die umgeschlagenen Zipfel wohl betrachten als aus der ‚Verwachsung' basaler Fortsätze von je zwei benachbarten Kelchblättern entstanden." Das trifft zu. Es frägt sich aber, wie solche basale Fortsätze zu deuten sind. Eine wirkliche Erklärung ist also an die Voraussetzung geknüpft, daß es gelingt, das Auftreten der Anhängsel einem typologischen Verständnis zu erschließen, d. h. aus bestimmten, im Bauplan des Kelches dieser Pflanzen bereitliegenden Möglichkeiten herzuleiten.

Bei einem solchen Erklärungsversuch werden wir auf die Kelchästivation verwiesen. Unter Ästivation oder, wie Wydler (u. a. [12], S. 595) sagt, unter Knospung verstehen wir die Knospenlage eines Blattvereins bzw. das gegenseitige Lageverhältnis der Blattorgane einer Knospe, hier des Kelches im Knospenzustand. Für die Kelchästivation gibt es verschiedene Möglichkeiten, die insgesamt den beiden Hauptformen der imbrikaten und der valvaten Ästivation sich unterordnen.

In diesem Zusammenhang kommt allein die valvate Ästivation in Betracht, die wir der Kürze halber auch als Valvation bezeichnen wollen. Sie wird dadurch charakterisiert, daß die in ästivativer Beziehung zueinander stehenden Blattorgane sich mit ihren Rändern zwar berühren, nicht aber einander übergreifen. Im letzteren Fall handelt es sich um imbrikate Ästivation. An dieser Stelle kommt besonders eine Abart der Valvation in Betracht, die man als reduplikativ-valvate Ästivation anspricht. Sie unterscheidet sich dadurch von der gewöhnlichen, etwa durch den Kelch von *Physalis Alkekengi* zu illustrierenden Form der valvaten Knospung, daß die Ränder der einzelnen Blattorgane nach außen umgeschlagen sind.

Es fragt sich, wieso diese Art der Ästivation als Sonderfall der valvaten angesehen werden darf. Entscheidend ist die Entwicklung, die Reinsch ([8], S. 117) am Beispiel von *Nicandra physaloides* untersucht hat. Der Kelch dieser Solanacee, der im ausgebildeten Zustand eine typische reduplikative Valvation aufweist, durchläuft in der Jugend ein echt valvates Stadium mit bloßer Berührung der Kelchblattränder. Diese setzen nachher aber ihr Wachstum noch fort. Darnach sollte man erwarten, daß eine imbrikate Ästivation zustande kommt. Dem ist aber nicht so. Es setzt nämlich im Randbereich der Kelchblätter von da ab epinastisches Verhalten ein, das eine Deckung der Ränder verhindert und dazu führt, daß diese sich unter gegenseitiger Berührung nach außen umkrümmen.

Auf die reduplikativ-valvate Ästivation läßt sich nun auch das Auftreten der Kelchanhängsel zurückführen, namentlich bei den Campanulaceen. In dieser Familie begegnet uns valvate und reduplikativ-valvate Ästivation auch im Bereich der Blumenkrone, wo mit ihr eigenartige Ausbildungsformen des Kronsaumes in Beziehung stehen, der teilweise sogar über den Kelchanhängseln vergleichbare Bildungen verfügt, worauf SCHÖNLAND ([9], S. 44) bereits hingewiesen hat. Davon wird im II. Teil dieser Studie zu handeln sein. Der I. Teil befaßt sich mit der Kelchästivation in ihren verschiedenen Erscheinungsformen.

In einem Anhang sollen die Anhängsel untersucht werden, die an den Kelchblättern von *Viola* auftreten. Sie sind in diesem Zusammenhang deshalb von Interesse, weil sie bei äußerer Ähnlichkeit mit den Kelchanhängseln der Campanulaceen auf ganz anderem Wege zustande kommen.

I. Der Kelch.

Wir wollen der Untersuchung der Campanulaceen die Kelchbildung von *Cobaea scandens* (Polemoniaceae) und *Nicandra physaloides* (Solanaceae) zugrunde legen, zweier Arten, deren Kelch auf dem Knospenstadium die reduplikative Valvation mustergültig repräsentiert. Ihr ist es vor allem zuzuschreiben, daß die Blütenknospe sowohl im ganzen wie auf dem Querschnitt breit geflügelt erscheint (Abb. 1, I—IV). Bei *Nicandra* fällt auf, daß die von den einander berührenden Rändern benachbarter Kelchblätter gebildeten Flügel an der Knospenbasis in Gestalt gekrümmter Falten über den Ansatz des Blütenstieles hinausreichen.

Im Grunde ganz ähnlich verhält sich, entgegen dem äußeren Anschein, der Kelch von *Nemophila maculata* mit seinen fünf basalen Anhängseln, die jeweils zwei benachbarten Kelchblättern gemeinsam angehören (Abb. 1, V). Man stelle sich vor, daß bei *Nicandra* das Wachstum an den Seitenrändern der Kelchblätter nur bis zur gegenseitigen Berührung andauert, während die in den Buchten gelegenen Randabschnitte ihre Entwicklung darüber hinaus fortsetzen, so ergibt sich die Kelchform von *Nemophila*. Die Anhängsel stehen also in enger Beziehung zur reduplikativ-valvaten Ästivation; sie kommen dadurch zustande, daß die für die reduplikative Valvation verantwörtlich zu machenden Wachstumsvorgänge sich auf die Kelchbuchten beschränken.

Diese Ableitung trifft nun auch für die Kelchanhängsel der Campanulaceen zu, einer Familie, deren Formenreichtum es gestattet, Mittelglieder aufzufinden, welche die durch *Nicandra* und *Nemophila* bezeichneten Extreme verbinden.

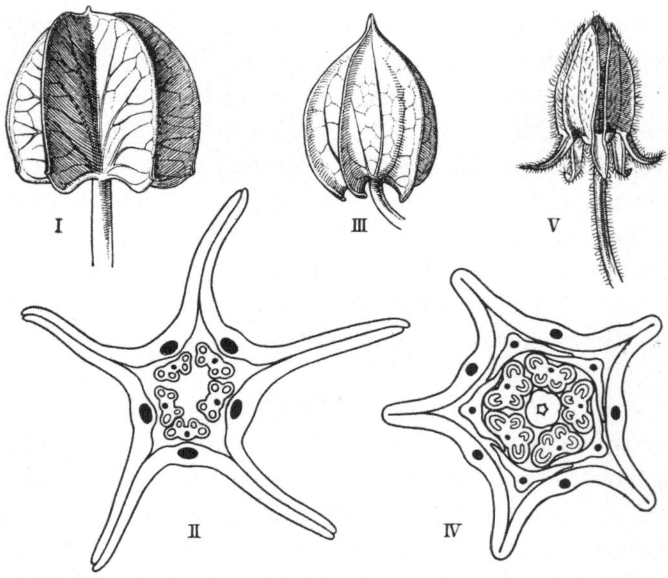

Abb. 1. I, III, V Blütenknospen von *Cobaea scandens* (I), *Nicandra physaloides* (III) und *Nemophila maculata* (V), letztere mit abwärts gerichteten Kelchanhängseln. II, IV Querschnitte durch junge Blütenknospen von *Cobaea scandens* und *Nicandra physaloides*. In II sind innerhalb des Kelches nur die Antheren der Staubblätter vom Schnitt getroffen, die in der Entwicklung der Krone und dem Gynoeceum stark voraneilen und deshalb die Anlagen dieser Blütenorgane in jungen Knospen beträchtlich überragen.

Wir gehen von *Symphyandra Hoffmannii* aus, von der eine Blütenknospe in Abb. 2, I wiedergegeben ist. Unschwer erkennt man die Übereinstimmung mit *Nicandra physaloides*, die sich auch auf die Kelchbasis erstreckt, wo die von benachbarten Kelchblättern gebildeten Flügel ebenfalls in Gestalt gekrümmter Falten nach hinten weisen.

Bei *Michauxia campanuloides* bleibt der Kelch früh im Wachstum stehen, so daß er an der der Anthese sich nähernden Blütenknospe von der ansehnlichen Blumenkrone weit überragt wird (Abb. 2, III). Damit hängt die aperte Ästivation zusammen, d. h. die Erscheinung, daß die Kelchblätter schon auf dem Knospenstadium der Blüte infolge epinastischen Wachstums sich auswärts krümmen und sich damit in ihrer Orientierung den Anhängseln annähern, die auch hier aus den in den intersepalen Buchten gelegenen Randabschnitten hervorgehen. Was *Michauxia* auszeichnet, ist der Umstand, daß Kelchblätter und Anhängsel der Gestalt

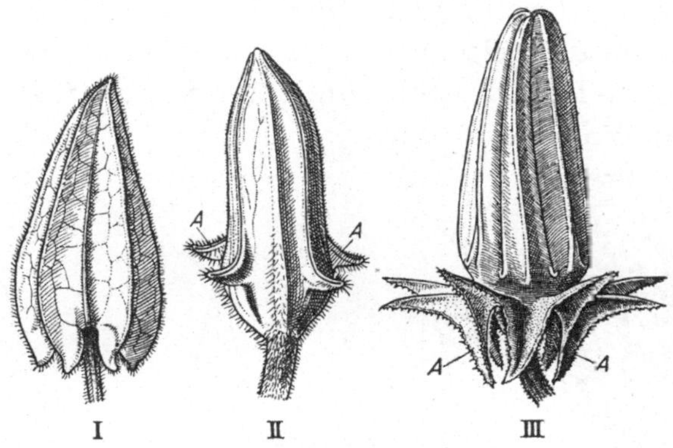

Abb. 2. Blütenknospen von *Symphyandra Hoffmannii* (I), *Campanula sarmatica* (II) und *Michauxia campanuloides* (III). Bei den beiden letzteren weist der Kelch an seiner Basis zipfelartige Kommissuralgebilde (*A*) auf.

und Größe nach einander fast völlig gleichen. Während also die Kelchblätter selbst ihre Entwicklung relativ früh einstellen, erreichen die Anhängsel beträchtliche Ausdehnung, sie lassen im übrigen auch die gefaltete Knospenlage vermissen, an der sie bei *Symphyandra* noch zur Zeit der Anthese festhalten.

Hier schließt sich *Campanula sarmatica* (Abb. 2, II) an mit einem Kelch, dessen Blattorgane in der Präfloration auf typisch valvate Weise zusammenneigen. Reduplikativ verbreitert sind sie allein im Buchtenbereich,

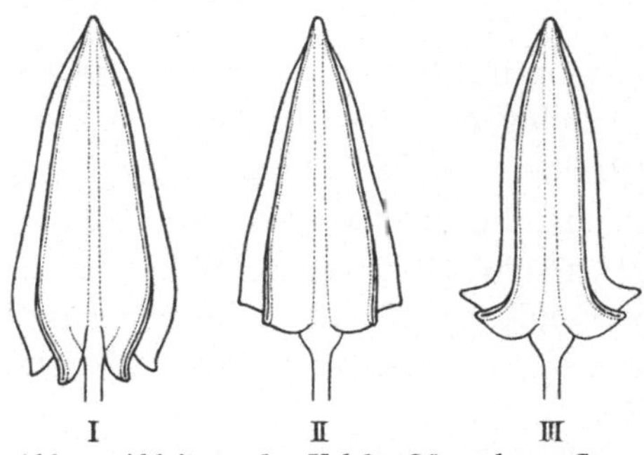

Abb. 3. Ableitung der Kelchanhängsel von *Campanula sarmatica* (III) aus der valvat-reduplikativen Knospenlage der Kelchblätter von *Symphyandra Hoffmannii* (I), schematisch. In II ist eine hypothetische Zwischenform dargestellt.

mit dem Erfolg, daß hier 5 Anhängsel in Erscheinung treten. Die Ähnlichkeit mit *Nemophila* springt in die Augen. Nur stehen die Anhängsel hier etwa senkrecht zur Längsachse der Blüte.

Die Beziehungen dieser Kelchform zur Kelchgestaltung von *Symphyandra* bringen die schematischen Figuren von Abb. 3 zur Anschauung. In I ist das Verhalten des *Symphyandra*-Kelches wiedergegeben mit seinen rückwärts gerichteten Anhängseln. Stellt man sich diese senkrecht zur Längsachse der Blüte orientiert vor, so ergibt sich das Bild des Schemas II. Das Verhalten von *Campanula sarmatica* endlich kommt zustande, wenn sich das mit reduplikativer Krümmung verknüpfte Breitenwachstum der Kelchblattränder auf die Kelchbuchten beschränkt (III). Die Bildung der Anhängsel stellt sich somit als Sonderfall der reduplikativen Valvation dar.

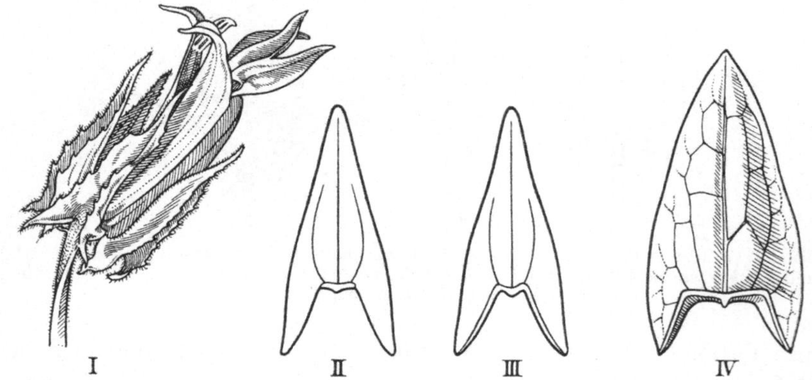

Abb. 4. I—III *Lobelia syphilitica*, Blüte (I) und Kelchblätter (II, III). Das Kelchblatt in III stammt von einer Blüte, deren Anhängsel paarweise vereinigt sind. IV Kelchblatt von *Symphyandra Hoffmannii*.

Darin, daß die Anhängsel je zwei benachbarten Kelchblättern gemeinsam angehören, lassen sie sich den interpetiolaren Stipeln vergleichen. Deren Doppelnatur wird durch die Zweispitzigkeit bezeugt, die sie etwa bei *Humulus Lupulus* und *Phaseolus multiflorus* (Primärblattwirtel) aufweisen, aber auch durch gelegentlich auftretende „Spaltung"; hierfür kann *Lonicera Etrusca* als Beispiel dienen, deren Stipelbildung Kerner von Marilaun [4] geschildert hat.

Unter den Campanulaceen ist in dieser Hinsicht *Lobelia* Sect. *Eulobelia* bemerkenswert, von deren Arten es bei Schönland ([9], S. 47) heißt: „Kelchblätter bei einigen mit Anhängseln." Zu diesen mit Kelchanhängseln ausgestatteten Arten gehört *L. syphilitica* (Abb. 4, I). Bei ihr sind die ebenfalls nach außen umgeschlagenen Ränder der Kelchblätter an der Basis dieser Organe jederseits in einen spitz zulaufenden Zipfel verlängert. Die Kelchbuchten weisen hier also zwei getrennte Anhänge auf, die zusammen jeweils einem der Kelchanhängsel etwa von *Michauxia* entsprechen. Bestätigt wird diese Auffassung durch die Beobachtung, daß die Anhängsel gelegentlich paarweise miteinander verschmolzen sind. Alsdann herrscht volle Übereinstimmung mit den Kelchanhängen anderer Campanulaceen. Die Beziehungen zu *Symphyandra* erläutern die Figuren Abb. 4, II—IV. Davon zeigt II ein in die Fläche ausgebreitetes Kelchblatt von *Lobelia syphilitica*. Falls die Anhängsel benachbarter Kelchblätter miteinander vereinigt sind, ergibt sich die durch III veranschaulichte Kelchblattform, die mit IV, einem Kelchblatt von *Symphyandra Hoffmannii*, übereinstimmt, dies insofern, als die Anhängsel bei der Ablösung

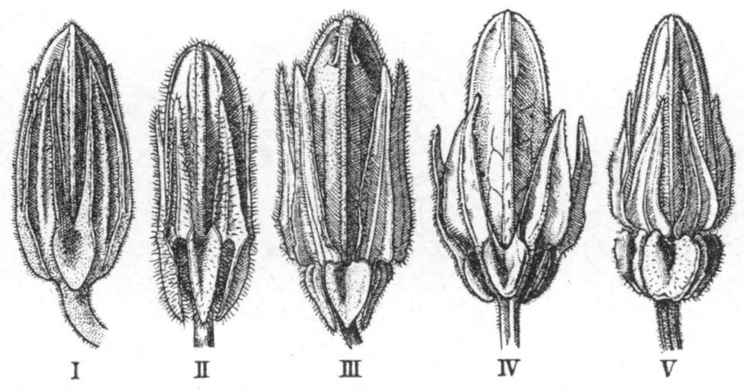

Abb. 5. Blütenknospen von *Campanula*-Arten mit Kelchanhängseln. I *C. alliariaefolia*; II *C. sibirica*; III *C. punctata*; IV *C. speciosa*; V *C. Medium*.

des Organs auch hier der Länge nach gespalten werden müssen. Übrigens findet sich eine Parallele zu dem Verhalten von *Lobelia syphilitica* bei *Nemophila phacelioides*, von der PETER ([7], S. 61) angibt, daß die Kelchanhängsel häufig paarig auftreten.

Nachdem wir so die Anhängsel des Campanulaceenkelches grundsätzlich einem typologischen Verständnis zugeführt haben, soll noch die **stark modifizierte Gestaltung** betrachtet werden, in der sie sich bei einer Reihe von *Campanula*-Arten darbieten. Es handelt sich zunächst um *C. alliariaefolia* WILLD (= *C. lamiifolia* BBST.), *C. sibirica*, *C. punctata*, *C. speciosa* und *C. Medium* (Abb. 5). Bei all diesen Arten sind die Anhängsel so scharf rückwärts gekrümmt, daß sie über dem unterständigen Fruchtknoten kegelförmig zusammenneigen. Am deutlichsten ist diese Orientierung bei *C. punctata* und *C. speciosa* zu beobachten (Abb. 5, III, IV). Sodann ist die flächenhafte Ausbildung der Anhängsel hervorzuheben, die zum Unterschied etwa von *Symphyandra Hoffmannii* und *Campanula sarmatica* (Abb. 2, I, II) schon im Knospenzustand der Blüte mehr oder minder flach ausgebreitet sind, zumal bei *C. alliariaefolia* (I), wo dieser Umstand deshalb überrascht, weil

die Kelchzipfel selbst umgeschlagene Ränder aufweisen. Bei dieser
Art geben sich im übrigen die Anhängsel mit besonderer Deutlich-
keit als kommissurale Randstrukturen zu erkennen, was vor allem
darauf beruht, daß die Kelchblattränder unter kontinuierlicher
Verbreiterung in sie übergehen.

Bei den anderen Arten fehlt die revolutive Randverbreiterung
der Kelchzipfel, während die Anhängsel eine erhöhte Breitenent-
wicklung erfahren. Deutlicher ausgeprägt als bei *C. sibirica* (II)
ist dieses Verhalten bei *C. punctata* (III). Bei *C. speciosa* und

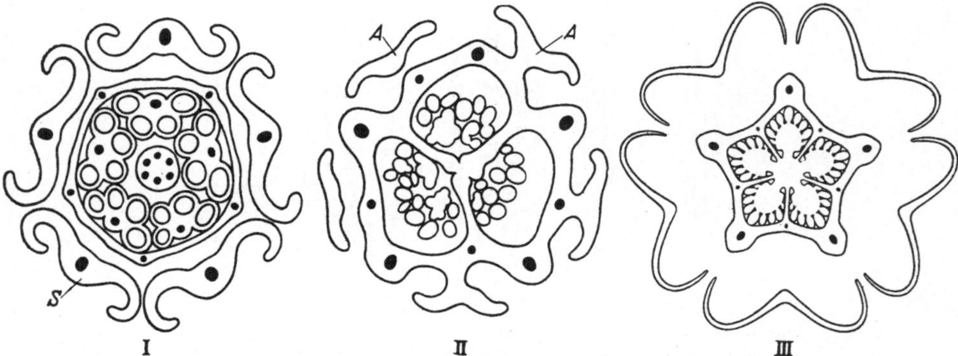

Abb. 6. I, II *Campanula alliariaefolia*, Querschnitte durch eine Blütenknospe in Höhe
der Antheren (I) und der Kelchbuchten (II); III *Campanula Medium*, schematisierter
Querschnitt durch die Blüte im Bereich der Kelchanhängsel, die den Fruchtknoten rings
umgeben; *S* Kelchblätter; *A* Kelchanhängsel.

C. Medium verbindet sich damit eine Umrollung der Ränder,
die bei der erstgenannten Art (IV) nur angedeutet, bei *C. Medium*
aber voll durchgeführt ist (V). Man vergleiche dazu den schema-
tisierten Querschnitt Abb. 6, III, der in der Höhe des unterständigen Fruchtknotens geführt ist und deshalb auch die fünf diesen
umhüllenden Kelchanhängsel getroffen hat. In dieser Rollung des
Anhängselrandes kehrt die revolutive Randrollung wieder, die die
Knospenlage der Kelchblätter auch anderer Arten charakterisiert,
so besonders von *C. alliariaefolia*. Zum Beleg hierfür sei auf die
Blütenquerschnitte in Abb. 6, I und II verwiesen, von denen I in
Antherenhöhe und II in Höhe der Kelchbuchten geführt ist. Aus
I ersieht man die valvat-reduplikative Ästivation der
Kelchblätter, die sich von den am Beispiel der *Cobaea*- und
Nicandra-Blüte erläuterten typischen Verhältnissen eben durch die
Rückrollung der Kelchblattränder unterscheidet. Im II sind die
Kelchanhängsel vom Schnitt getroffen. Die Randrollung ist
an ihnen nur angedeutet; sie scheint zudem entgegengesetzt

gerichtet zu sein. Tatsächlich stimmt sie mit der Randrollung der Kelchzipfel überein. An den Anhängseln, die ja umgekehrt orientiert sind, weist nämlich die Unterseite nach dem Fruchtknoten hin. Dorthin sind auch die Ränder gewendet. Die Identität wird deutlich, wenn man sich die Anhängsel aufgeklappt vorstellt.

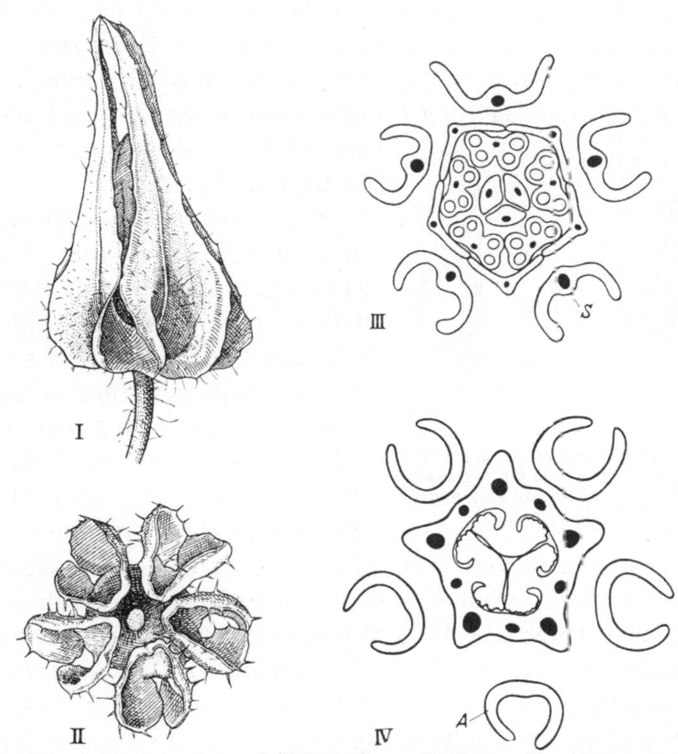

Abb. 7. *Sicyocodon macrostylus.* I, II Blütenknospe in Seiten- (I) und Unteransicht (II); III, IV Querschnitte durch eine Blütenknospe in Höhe der Antheren (III) und des Fruchtknotens (IV); *S* Kelchblätter; *A* Kelchanhängsel.

Eigenartig gestaltet sind die Kelchanhängsel bei *Sicyocodon macrostylus* (*Campanula macrostyla*). FEER ([2], S. 113) spricht von „appendices magnae deflexae ... saccato-inflatae". Danach bestünde Ähnlichkeit mit *Campanula Medium*. Diese erstreckt sich jedoch nur auf die Größe und rückwärts gerichtete Orientierung der Anhängsel, auch auf das Verhalten ihres Randes, der ebenfalls gerollt ist. Zum Unterschied von *Campanula Medium* ist der Rand aber nach außen gerollt, was auch FEER betont, wenn er die appendices durch den Zusatz „margine involutae" näher charakterisiert; denn tatsächlich entspricht das Verhalten der Ränder

einer involutiven Rollung (Abb. 7, I und II). An den Kelchblättern dieser auch sonst so merkwürdigen Pflanze geht also die
aus dem Querschnitt Abb. 7, III ersichtliche revolutive Rollung der
seitlichen Ränder im Bereich der Anhängsel in involutive Rand-
lage über (Abb. 7, IV), eine Eigenart, die nebst anderen Momenten
durchaus für die von FEER vorgeschlagene generische Abtrennung
von *Campanula* spricht. Ist doch die *Sicyocodon*-Blüte zum Unterschied von den vorwiegend an Bestäubung durch Hummeln ange-
paßten Blüten der Gattung *Campanula* eine Aasfliegenblume, die
als solche in der ganzen Familie
einzig dasteht.

Was sodann die Entwick-
lungsgeschichte der Kelchanhängsel betrifft, so fällt auf,
daß sie relativ spät zur Anlegung
gelangen. Abb. 8, II zeigt eine
Blütenknospe von *Campanula Medium*, die schon 0,7 mm Länge
aufweist, an der die Anhängsel
aber in einer wulstigen Umbie-
gung der Buchtenränder erst ange-

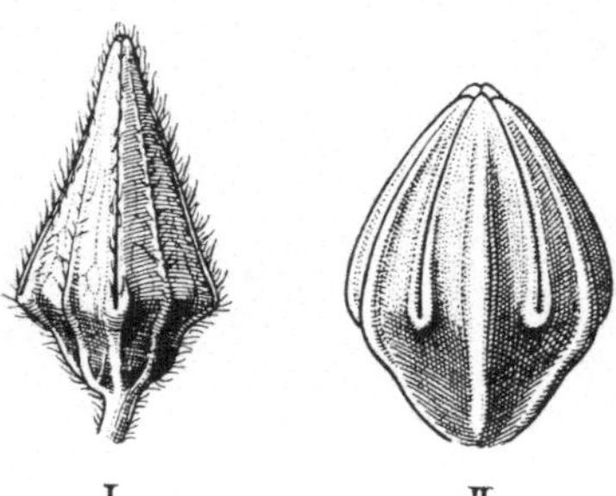

I   II

Abb. 8. Junge Blütenknospen von *Campanula Trachelium* (I) und *Campanula
Medium* (II). Vergrößerung in I 2fach,
in II 40fach.

deutet sind. Dieses Verhalten wird bei anderen *Campanula*-Arten
zum Dauerzustand erhoben, wie die in Abb. 8, I vorgeführte, der
Anthese sich nähernde Blütenknospe von *C. Trachelium* zeigt.
Bei *C. Medium* wachsen zudem allein die in den Buchten gelegenen
Randabschnitte aus, was zur Entwicklung isolierter Anhängsel
führt. Wo in diesen Wachstumsprozeß auch die seitlichen Ränder
der Kelchblätter einbezogen werden, kommt es zur Ausbildung
einer typischen reduplikativ-valvaten Ästivation. Zum Vergleich
seien auch hier noch einmal die mit Kelchanhängen ausgestatteten
Nemophila-Arten angeführt, etwa *N. maculata*, bei der die Buchtenränder ebenfalls lange embryonal bleiben. Erst an Knospen, die
bereits 1,5 mm Länge erreicht haben, setzt die Entwicklung der
Anhängsel ein. Diese Verzögerung ist ebenso wie bei *Campanula*
als Symptom des basal-interkalaren Wachstums der
Kelchblätter zu werten.

Überblicken wir die Gesamtheit der Kelchformen, denen wir
in der Familie der Campanulaceen begegnet sind, so fällt uns eine
erhebliche Mannigfaltigkeit auf, die regellos erscheinen könnte,
gleichwohl aber von einem einheitlichen Typus beherrscht

wird. Und zwar liegt der Ausgestaltung des Kelches allenthalben valvate Ästivation der Kelchblätter zugrunde. Die Ausgliederung von Kelchanhängseln stellt sich als bloße extreme Variante dieses vielfach abgeänderten Themas dar, dessen Besonderungen sich wie anderwärts auf das aller organismischen Gestaltung zugrunde liegende „Prinzip der variablen Proportionen" zurückführen lassen ([10], S. 12 und [11], S. 43). Es besagt, daß die gestaltlichen Verschiedenheiten von Organen, die im Bauplan miteinander übereinstimmen, auf einer bloßen Verschiedenheit der Wachstumsproportionen beruhen ([11], S. 298).

Gegen eine funktionale Bedeutung der Anhängsel spricht schon die Tatsache, daß sie zahlreichen Arten völlig abgehen, ohne daß für ihr Fehlen eine Kompensation geschaffen ist. Wir haben es in ihnen mit Strukturen zu tun, die in der Organisation des Campanulaceenkelches zwar angelegt sind, aber keineswegs überall ausgebildet werden. Die typologische Analyse belehrt uns darüber, warum sie überhaupt auftreten können. Die Beantwortung der Frage, warum sie bestimmten Arten zukommen, während wir sie bei anderen vermissen, scheitert eben an der Unmöglichkeit, für sie eine spezifische Funktion ausfindig zu machen. Aber auch damit wäre es nicht getan. Denn es müßte zudem gezeigt werden, daß jene Arten, die über Anhängsel verfügen, den anderen gegenüber im Vorteil sind. Ein solcher Nachweis dürfte angesichts der Tatsache, daß sich die anhängsellosen Arten in der Überzahl befinden, schwer zu führen sein.

Anhangsweise sollen die schon eingangs erwähnten Kelchanhängsel kurz besprochen werden, die in der Familie der Lythraceen auftreten, und zwar in verschiedenen Gattungen, voran bei Arten von *Cuphea, Diplusodon, Lagerstroemia* u. a. KOEHNE, der Monograph der Familie, möchte sie als „Nebenblattbildungen", vergleichbar den Blättern des Außenkelches der Potentilleen, gedeutet wissen [5] S. 122; [6] S. 8), etwa EICHLER gegenüber, der sich einer Interpretation enthält und bloß von einem „kommissuralen Nebenkelch" bzw. von „akzessorischen Kelchzipfeln" spricht [1] Teil 2, S. 471 und 477). Es handelt sich jedoch überhaupt um keinen Neben- oder Außenkelch sondern um Strukturen, die sich auf dieselbe Weise wie die Kelchanhängsel der Campanulaceen erklären.

Dafür spricht zunächst die Tatsache, daß der Kelch bei den Lythraceen ebenfalls valvate Ästivation zeigt. Die Seitenränder der Kelchblätter scheinen zwar nirgends in reduplikative Valvation einzutreten. Dagegen beobachten wir, namentlich bei Arten von *Ammannia* und *Peplis* (Abb. 9, I, II), eine mit der valvaten Ästivation einhergehende Ausweitung der Kelchbuchten zu Falten, wie sie uns bei verschiedenen Campanulaceen (etwa *Symphyandra Hoffmannii*, Abb. 2, I) begegnet sind.

Stellen wir uns vor, daß die Falten selbst zurücktreten, dafür aber ihre Spitzen sich verlängern, so kämen die Anhängsel des Kelches von *Lagerstroemia venusta* (Abb. 9, III) zustande, die ebenfalls eine deutliche Faltung aufweisen. Zu der Form der Anhängsel von *Diplusodon* (Abb. 9, IV, V) gelangt man von hier aus, wenn man sich die Breite der Zipfelränder reduziert vorstellt. Daß sich aber auch hier die Ränder der Kelchblätter auf die Anhängsel erstrecken, zeigt die leichte Furchung, die diese auf ihrer Oberseite aufweisen (Abb. 9, V). Gesetzt es würden in all diesen Fällen die Ränder der Anhängsel zusammen mit den Seitenrändern der Kelchblätter flügelartig sich verbreitern, so käme eine Ästivation nach dem Muster von *Symphyandra Hoffmannii* (Abb. 2, I) zustande.

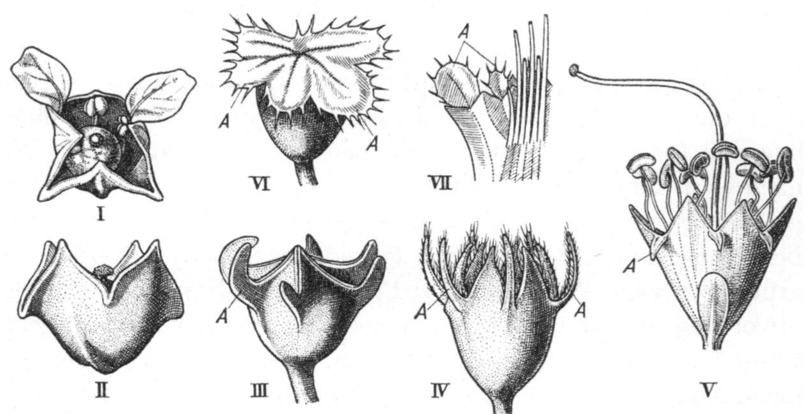

Abb. 9.   Kelchformen von Lythraceenblüten. I *Ammannia senegalensis*, Blüte in Oberansicht. Die Entfernung zweier Blumenblätter verfolgt den Zweck, die faltenartige Erweiterung der Kelchbuchten deutlich zu zeigen; II *Peplis diandra*, Blüte in Seitenansicht; III *Lagerstroemia venusta*, Blütenknospe mit gefalteten Anhängseln im Bereich der Kelchbuchten; IV *Diplusodon ciliiflorus*, Kelch mit verlängerten zipfelartigen Anhängseln; V *Diplusodon buxifolius*, Blüte mit kurzzipfeligen Kelchanhängseln (Blumenblätter der Übersichtlichkeit halber entfernt); VI, VII *Cuphea paradoxa*; VI Blütenknospe; VII entfaltete Blüte, Ausschnitt vom Rand der ausgebreiteten Kronröhre. Mit *A* sind in III—VII die Kelchanhängsel bezeichnet. Nach KOEHNE.

Recht eigenartig ist das Verhalten einer *Cuphea*-Art, der kronenlosen *C. paradoxa*, die diesen ihren Namen wohl der Beschaffenheit des Kelches wegen führt. Man vergleiche dazu die Blütenknospe in Abb. 9, VI; ihr ist in VII ein Randausschnitt der Kelchröhre einer entwickelten Blüte, ausgebreitet gezeichnet, an die Seite gestellt. Die Anhängsel sind hier bei rundlicher Gestalt nicht nur ungewöhnlich groß, sondern weichen von den eigentlichen, rot gefärbten Kelchblättern auch durch ihre grüne Farbe ab. „Es ist gleichsam", meint KOEHNE [5] S. 138), „als habe die *C. paradoxa* den Verlust der Blumenkrone bereut und sich einen anderweitigen Ersatz dafür gesucht." An sich stimmen die Anhängsel hier mit denen der anderen, oben erwähnten Lythraceen überein. Was sie auszeichnet, ist der Umstand, daß sie bei erheblicher Randentwicklung von vornherein ausgebreitet sich darbieten. Das Verhältnis, in dem *C. paradoxa* in dieser Hinsicht etwa zu *Lagerstroemia venusta* (Abb. 9, III) steht, ist somit dasselbe, das uns beim Vergleich von *Campanula sarmatica* (Abb. 2, II) mit den in Abb. 5 dargestellten Arten der Gattung entgegentritt.

II. Die Blumenkrone.

Bevor wir auf die speziellen, hier interessierenden Fragen eingehen, soll erst ein Überblick über die Kronengestalten der *Campanula*-Arten gegeben werden, wobei es insbesondere auf das wechselnde Verhältnis ankommt, in dem Kronröhre und Kronsaum zueinander stehen. Man vergleiche hierzu die in Abb. 10 wiedergegebene Auswahl. In der oberen Reihe (I—III)

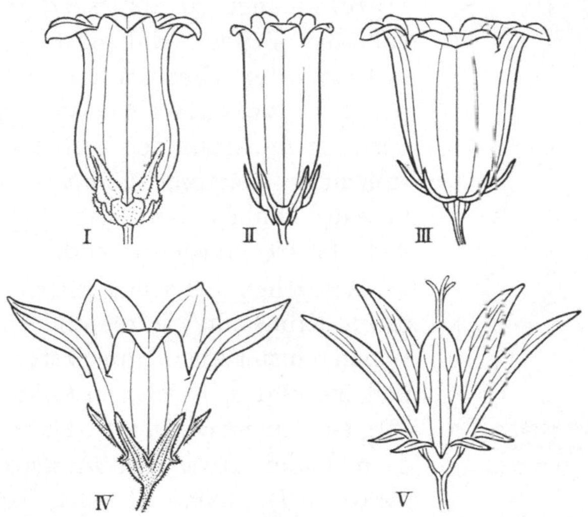

Abb. 10. Kronenformen von *Campanula*-Arten. I *C. Medium*; II *C. punctata*; III *C. cochleariifolia*; IV *C. sarmatica*; V *C. Portenschlagiana*. Größenunterschiede zwecks Erleichterung des Vergleiches ausgeglichen.

sind Formen dargestellt, bei denen der choripetale Kronsaum zugunsten der sympetalen Kronröhre zurücktritt. Der sympetale Abschnitt ist bald glockenartig erweitert (*C. cochleariifolia*, III), bald hat er die Gestalt einer Röhre (*C. punctata*, II) oder ist wohl gar unterhalb des Kronsaumes eingeschnürt (*C. Medium*, I). Arten, bei denen der Anteil des Kronsaumes überwiegt, sind etwa *C. sarmatica* (IV) und *C. Portenschlagiana* (V). Die letztere Art stellt das eine Extrem der ganzen Reihe dar, dem als anderes Extrem *C. Medium* gegenübersteht. Ihr läßt sich *C. Vidalii* anschließen, die FEER ([2], S. 611) als *Azorina Vidalii* aus der Gattung *Campanula* ausgesondert hat. Von ihr heißt es: „Corolla urceolata, medio constricta, breviter lobata." Ihre Krone weist also, auch darin der Krone von *Campanula Medium* ähnlich, etwa in ihrer Mitte eine auffallende Striktur auf. *Campanula Portenschlagiana* vergleichbar ist *Legouzia Speculum* (*Specularia Speculum*), die von

LINNÉ als *Campanula Speculum* in die Gattung *Campanula* einbezogen worden war. Bei ihr ist das Verhältnis von Kronröhre und Kronsaum noch mehr zugunsten des Saumes und seiner Zipfel verschoben als bei *Campanula Portenschlagiana* (Abbildung 12, I).

Was nun die Ästivation der Kronzipfel anlangt, so folgt sie durchweg dem valvaten Typus. Entweder ist sie rein valvat oder aber im Sinne der reduplikativ-valvaten Ästivation abgeändert, darin Arten der systematisch fernstehenden Gattung *Ceropegia* (Asclepiadaceae) ähnlich, aus der 2 Beispiele in Abb. 11 wiedergegeben sind.

Wir gehen aus von *Legouzia Speculum*, deren Kronsaum die reduplikative Valvation in reinster Ausprägung zeigt (Abb. 12, I) und hierin dem Kelch von *Cobaea scandens* vergleichbar ist (Abb. 1, I). Das Gegenstück dazu bildet etwa *Hedraeanthus caudatus* (Abb. 13, I). Zwar ist auch bei ihm die reduplikative Lage der Kronzipfel angedeutet. Bestimmend ist hier jedoch für die Ästivation die Faltung, welche die Kron-

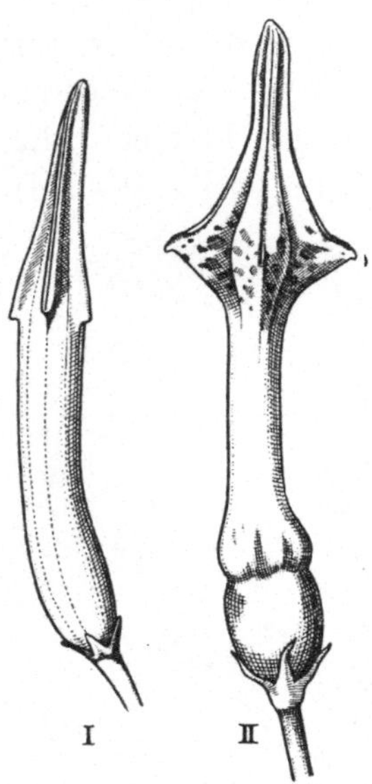

Abb. 11. Blütenknospen von *Ceropegia*-Arten.
I *C. dichotoma*; II *C. Brownii*.

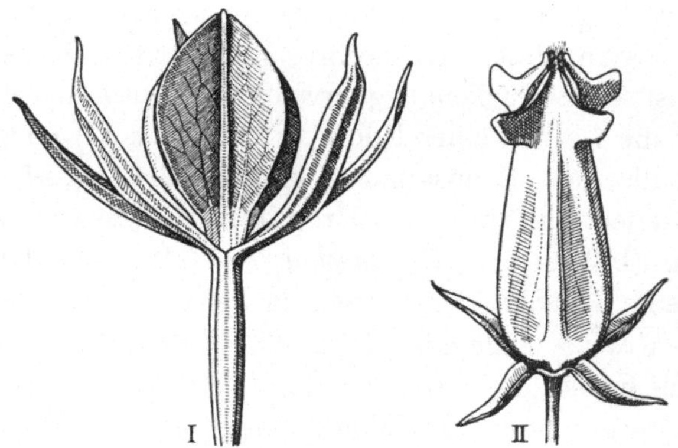

Abb. 12. I *Legouzia Speculum* Blütenknospe; II *Favratia Zoysii*, Blüte in Anthese.

zipfel in ihrer Mediane erfahren, zumal sie sich nicht auf die Zipfel beschränkt sondern auch auf die Röhre erstreckt.

Die beiden Extreme, dargestellt durch *Legouzia Speculum* einerseits und *Hedra anthus caudatus* andererseits, stehen sich nun keineswegs unvermittelt gegenüber. Die Brücke zwischen ihnen schlagen verschiedene *Campanula*-Arten, dies insofern, als die Kronzipfel bei ihnen sowohl die erwähnte Faltung als auch eine deutliche Reduplikation ihrer Ränder erkennen lassen. Als Beispiele seien *C. persicifolia* und *C. carpatica* genannt (Abb. 13, II und III). Die Randduplikaturen treten am stärksten im basalen Teil der

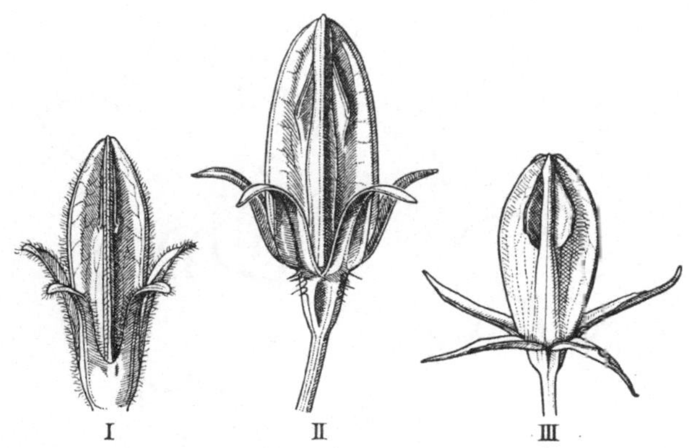

Abb. 13. Blütenknospen von *Hedraeanthus caudatus* (I), *Campanula persicifolia* (II) und *Campanula carpatica* (III).

Zipfel hervor, womit es zusammenhängt, daß der Rand des Kronsaumes in den kommissuralen Bereichen schnabelartig vorspringt. Ähnliches war ja für die Kelche von *Cobaea* und *Nicandra* zu erwähnen (Abb. 1, I und III). Und da auch die beispielshalber schon herangezogenen *Ceropegia*-Blüten reduplikativ-valvate Ästivation aufweisen, so überrascht es nicht, daß wir bei ihnen, namentlich bei *C. Brownii*, den besagten schnabelartigen Vorsprüngen ebenfalls begegnen (Abb. 11).

Zur Erläuterung der geschilderten Verhältnisse mögen Querschnitte dienen, die durch den Kronsaum von Blütenknospen geführt sind (Abb. 14). Auch hier stehen sich *Hedraeanthus caudatus* und *Legouzia Speculum* als Extreme gegenüber. Bei *Hedraeanthus* sind nur Flächenfalten ausgebildet und Randduplikaturen höchstens angedeutet (I). Bei *Legouzia* (IV) hingegen treten die Flächenfalten fast völlig hinter die weit vorspringenden Randduplikaturen zurück. Dazwischen stehen wiederum die schon erwähnten *Campanula*-Arten, nämlich *C. persicifolia* (II) und *C. carpatica* (III), beide sowohl mit freilich weiten Flächenfalten wie mit kaum minder stark entwickelten Randduplikaturen ausgestattet. Auch dieser Mannigfaltigkeit liegt also das Prinzip der variablen Proportionen zugrunde, denn die verschiedenen Formen, die der Kronsaum in der Knospenlage aufweist, erweisen sich bei näherem Zusehen als die Abwandlungen bloßer valvater Ästivation.

Von hier aus fällt nun auch Licht auf *Campanula Zoysii*, die durch ihre bizarre Blütenform so stark von allen anderen Vertretern

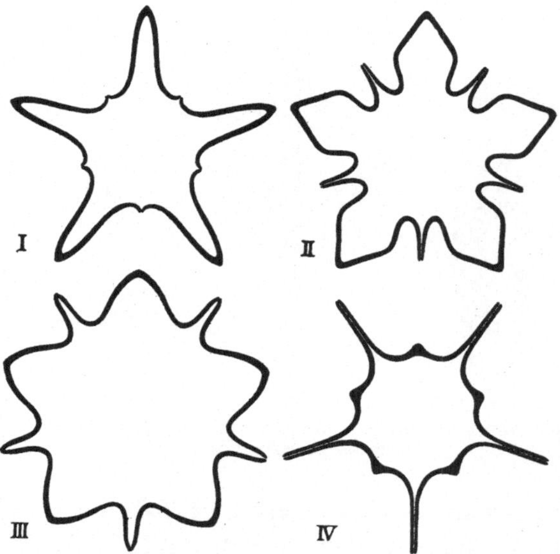

Abb. 14. Querschnitte durch den Kronsaum von Campanulaceenblüten (Knospen), leicht schematisiert. I *Hedraeanthus caudatus*; II *Campanula persicifolia*; III *Campanula carpatica*; IV *Legouzia Speculum*.

der Gattung abweicht, daß man FEER folgen möchte, der die Art in den Rang einer selbständigen Gattung erhoben und für sie den Namen *Favratia Zoysii* in Vorschlag gebracht hat ([2], S. 608). Diese Unterschiede dürfen uns jedoch nicht dazu verleiten, die typologische Übereinstimmung mit *Campanula* zu verkennen, die nicht geringer ist als etwa bei *Legouzia*. Davon also, daß sich, wie FEER meint, „innerhalb der eigenen Gattung kein Anschluß irgend welchen Grades" ergeben will, kann gar keine Rede sein, im Gegenteil: es wird sich auch hier zeigen, daß die originelle Blumenkrone dieser Art, so sehr sie innerhalb der Campanulaceen ein Unikum darstellt (FEER), dennoch nichts anderes ist als eine nach dem Prinzip der variablen Proportionen abgeänderte Krone vom *Campanula*-Typus.

Was zunächst das Verhältnis von Kronröhre und Kronsaum anlangt, so steht die *Favratia*-Blüte derjenigen von *Legouzia* gegenüber. Bei dieser überwiegt entschieden der Kronsaum, während bei *Favratia* die Gesamtgestalt der Blüte von der verlängerten Kronröhre beherrscht wird (Abb. 12, II). Dazu kommt eine an *Campanula Medium* und *Azorina Vidalii* erinnernde Striktur, die hier jedoch unmittelbar unter dem Kronsaum gelegen ist. Durch sie erhält die Röhre insgesamt eine konisch-zylindrische Gestalt mit bauchiger Erweiterung an der Basis.

An dem schmalen, mit zusammenneigenden, innen zottig behaarten Zipfeln versehenen Kronsaum fallen besonders die in Gestalt sackartiger Falten vorspringenden Buchten auf, die an die Kelchanhängsel gewisser *Campanula*-Arten, z. B. von *C. sarmatica* (Abb. 2, II), erinnern. Tatsächlich erklären sie sich auch wie dort. Ihr Auftreten steht

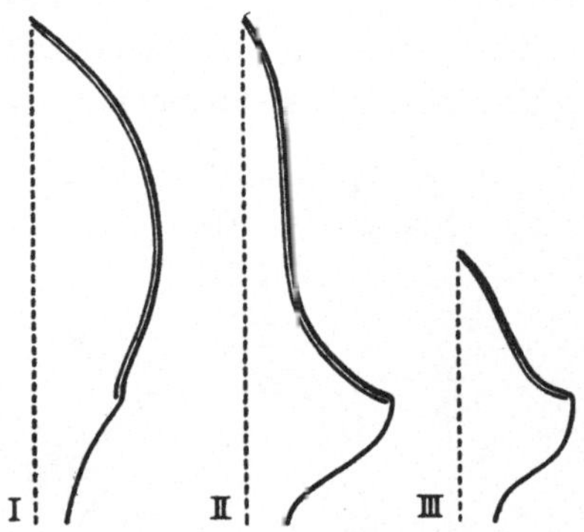

Abb. 15. Ableitung der Kronsaumanhängsel von *Favratia Zyosii* (III) aus der Ästivationsform von *Legouzia Speculum* (I) über eine hypothetische Zwischenform (II), schematisch.

also mit der valvaten Ästivation des Kronsaumes im Zusammenhang, was durch den Vergleich mit *Legouzia Speculum* dargetan werden kann.

Eine der 5 Randduplikationen der *Legouzia*-Blüte ist in Abb. 15, I im Profil gezeichnet. Es fällt daran insbesondere die erhebliche Breite der in reduplikativer Lage befindlichen Randzonen auf. Stellt man sich dieselben Ränder erheblich verschmälert vor, so ergibt sich das durch Schema Abb. 15, II veranschaulichte Verhalten, das zu *Favratia Zoysii* überleitet. Zu dieser gelangt man, wenn man sich die Zipfel des Kronsaumes außerdem noch stark verkürzt vorstellt (Abb. 15, III). Die Ausbildung der Buchtenanhängsel ist somit in der Tat nichts anderes als eine Begleiterscheinung der valvat-reduplikativen Ästivation, an der der Kronsaum hier auch nach der Entfaltung der Blüte noch weitgehend festhält. An sich fehlen sie auch bei *Legouzia Speculum* nicht, sie werden an deren Blüte aber von den reduplizierten Rändern der Kronzipfel „überflügelt".

Anhang.

Kelchanhänge von ganz anderer Art, als diejenigen es sind, die uns bei den Campanulaceen entgegentraten, finden sich an den Blüten der Gattung *Viola*, von der sie seit alters bekannt sind. Was diese Anhängsel von denen des Campanulaceenkelches unterscheidet, ist die Art ihrer Anheftung. Sie gehören nämlich nicht den Kelchbuchten, also den kommissuralen Bereichen an, sondern entspringen in den Insertionslinien der Kelchblätter selbst, die sich auf solche Art rückwärts in einen flachen, oftmals gabeligen Sporn fortsetzen (Abb. 16).

Diese Spornung bereitet einem Erklärungsversuch nicht geringe Schwierigkeiten. Man mag die Kelchblätter mit GOEBEL

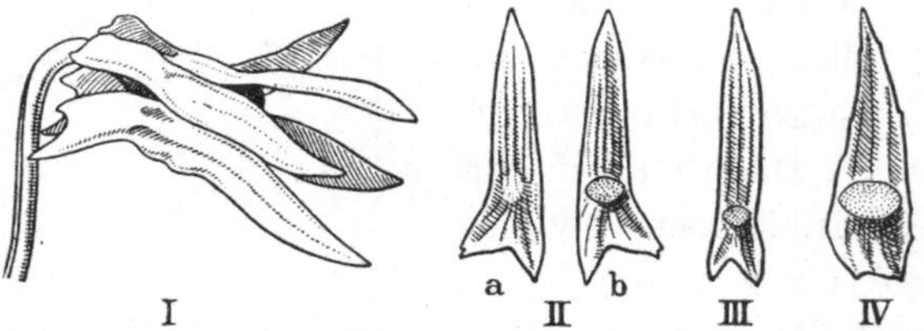

Abb. 16. I, II *Viola Munbyana*. I Blüte in Postfloration mit dem persistierenden Kelch, dessen Blattorgane rückwärts gerichtete Anhängsel tragen; II Kelchblatt in Unteransicht (Außenansicht, a) und Oberansicht (b, Insertionsstelle punktiert hervorgehoben); III, IV *Viola tricolor*, Kelchblätter in Oberansicht mit Insertion (punktiert).

([3], S. 1875), der hierbei einen von C. DE CANDOLLE geprägten Begriff übernimmt, als hypopeltate Blattorgane ansprechen — mehr als ein Wort ist damit nicht gegeben. GOEBEL meint weiter: „Da die Laubblätter Nebenblätter besitzen, so könnte man allenfalls versuchen, die Auswüchse als nach unten gerichtete, miteinander ‚verwachsene‘ Nebenblätter zu betrachten. Doch wüßte ich für eine solche Annahme keine weitere Begründung anzuführen.“ Er neigt denn auch der Auffassung zu, daß es sich um irgendwelche „Neubildungen“ handle, zu deren Verständnis die Untersuchung der vegetativen Blattorgane nichts beizutragen vermag, wenigstens was die Gattung *Viola* selbst bzw. die Familie der Violaceen anlangt. Es gibt aber in anderen Verwandtschaftskreisen vergleichbare Erscheinungen, die geeignet sind, die Gestaltung der Kelchblätter von *Viola* zunächst einmal in einen umfassenderen Zusammenhang aufzunehmen. Und zwar handelt es sich um die Laubblätter von *Pueraria hirsuta* (Papilionaceae) und von *Hypericum orientale* (Hypericaceae).

Pueraria hirsuta ist eine hochwüchsige Windepflanze mit dreiteiligen Fiederblättern, deren Stiel von 2 Stipeln flankiert wird. Ein noch in Knospenlage befindliches Blatt, dessen Oberteil von den beiden Stipeln schützend eingehüllt wird, zeigt Abb. 17, I. Später entfalten sich die Stipeln und geben das Oberblatt frei, das nun rasch zur endgültigen Größe heranwächst (Abb. 17, II). Was hier aber besonders interessiert, ist die Tatsache, daß die Stipeln über ihre Insertionslinie hinaus rückwärts in einen Anhang (A) verlängert sind, der an Umfang der Stipel selbst nicht

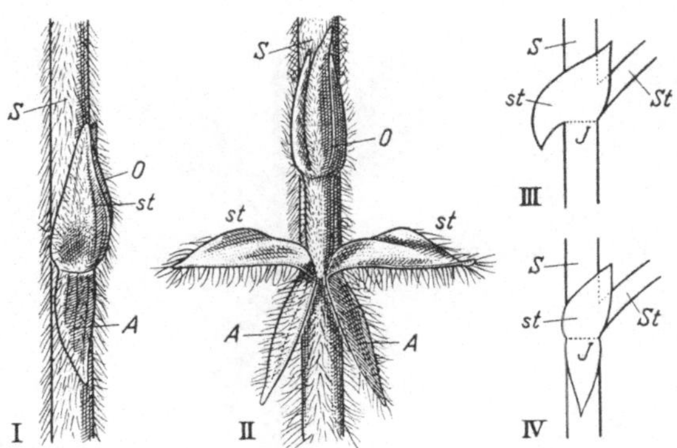

Abb. 17. I, II *Pueraria hirsuta*, Sproßstück mit jungem Blatt. In II haben sich die Stipeln entfaltet; III, IV Schematische Darstellung des Unterschiedes zwischen Stipeln mit pfeilartigen Randfortsätzen und anhängseltragenden Stipeln (Seitenansicht); *S* Sproßachse; *O* Oberblatt; *St* Stiel des Oberblattes; *st* Stipeln; *J* Stipelinsertion; *A* Stipelanhängsel.

wesentlich nachsteht. Die Anhängsel dürfen nicht mit den Stipularfortsätzen anderer Papilionaceen, z. B. denen von *Vicia Faba*, verwechselt werden, die frei sind und die Sproßachse nach Art eines mit pfeilartig gestalteter Spreitenbasis ausgestatteten Blattes (Beispiel: Stengelblätter von *Rumex acetosa*) umgreifen. Den Unterschied zwischen solchen mit pfeilförmigen Randfortsätzen versehenen Stipeln und der Stipelform von *Pueraria* versuchen die schematischen Figuren Abb. 17, III und IV deutlich zu machen, die zeigen, daß die Anhängsel nicht randliche Bildungen sind, sondern unterhalb der mit *J* bezeichneten Stipelinsertion entspringen.

Auch die Laubblätter von *Hypericum orientale* sind mit basalen Anhängen ausgestattet, denen ähnlich, die wir an den Stipeln von *Pueraria hirsuta* angetroffen haben. Nur gehen sie hier, wo Nebenblätter fehlen, unmittelbar aus der Basis des Blattgrundes hervor. Man vergleiche dazu die Figuren Abb. 18, I und II, die durch die

entwicklungsgeschichtlichen Stadien in Abb. 18, III — VI ergänzt
werden. Zunächst müssen wir auch hier wieder auf eine mögliche

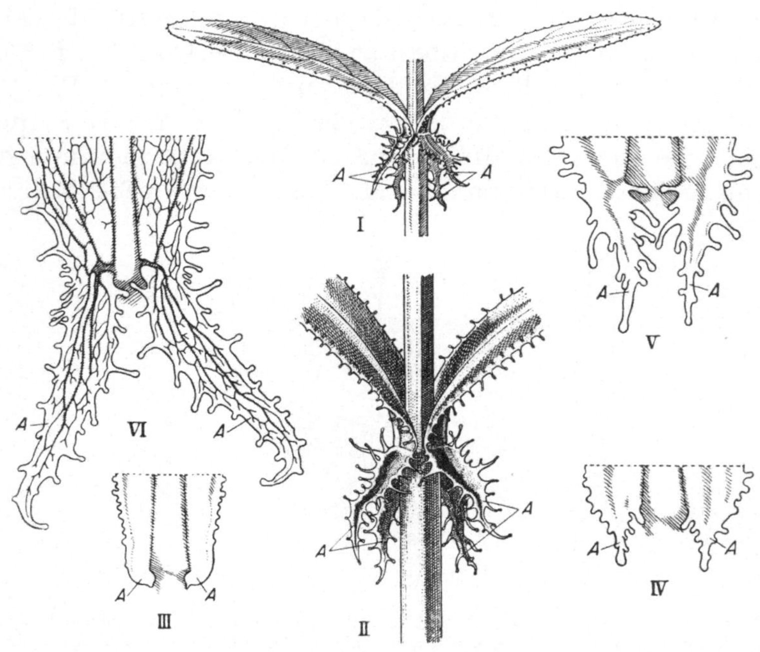

Abb. 18. *Hypericum orientale*. I, II Achsenstück mit Laubblattwirtel;
III—VI Basalteile junger Blätter, die Entwicklung der Anhängsel zeigend; *A* Anhängsel.

Verwechslung aufmerksam machen. Man gewinnt bei Betrachtung
von Abb. 18, I und II den Eindruck von Blattorganen, die mit pfeil-
förmigem Grund um die Sproßachse herumgreifen. Tatsächlich aber umfassen die die Pfeilform bedingen-den Fortsätze gar nicht den Stengel. Sie sind über-haupt nicht frei entwik-kelt, sondern entspringen, darin mit den Stipular-fortsätzen von *Pueraria* übereinstimmend, seitlich

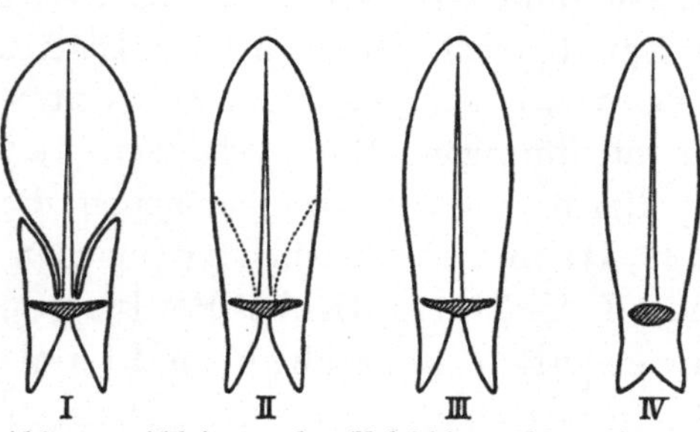

Abb. 19. Ableitung der Kelchblattanhängsel von
Viola. Blattinsertion schraffiert.
Sonstige Erläuterung im Text.

von der Mittelrippe im Insertionsbereich des Blattes.
Flächenkontinuität zwischen dem Blatt und seinen
beiden Anhängseln besteht also nur auf der Unterseite.

Die Beziehungen, die zwischen der Blattbildung von *Pueraria hirsuta* und *Hypericum orientale* bestehen, sollen an Hand der schematischen Skizzen Abb. 19, I—III erläutert werden, die als Oberansichten zu denken sind. Der Insertionsbereich des Blattes ist schraffiert hervorgehoben und erstreckt sich von der medianen Region beiderseits bis nahe an den Rand. Zu *Hypericum orientale* (III) gelangen wir, von *Pueraria hirsuta* (I) aus, wenn wir uns das Blatt stipellos bzw. die Stipeln mit dem Oberteil des Organs vereinigt denken (II).

Von da aus ist nur noch ein kleiner Schritt zur Form der Kelchblätter von *Viola* (Abb. 19, IV). Diese verfügen ja nur über ein einziges, sich quer über die mediane Region erstreckendes Anhängsel, das an seinem Ende ausgerandet ist, ein Hinweis darauf, daß in ihm zwei seitliche Auswüchse miteinander vereinigt sind. Auch von hier aus zeigt sich also, daß die Kelchblattanhängsel von *Viola* nichts mit Nebenblättern zu tun haben.

Literatur.

[1] EICHLER, A. W.: Blütendiagramme. Teil 1 und 2. Leipzig 1875 und 1878. — [2] FEER, H.: Beiträge zur Systematik und Morphologie der Campanulaceen. Bot. Jb. **12**, 608 (1890). — [3] GOEBEL, K.: Organographie der Pflanzen, 3. Aufl. Teil 3: Samenpflanzen. Jena 1933. — [4] KERNER VON MARILAUN, A.: Die Nebenblätter der *Lonicera Etrusca* SAVI. Österr. bot. Z. **43**, 1 (1893). — [5] KOEHNE, E.: Bemerkungen über die Gattung Cuphea. Bot. Zeitung **31**, 110 (1873). — [6] KOEHNE, E.: Lythraceae. A. ENGLER, Das Pflanzenreich IV. 216 (Leipzig 1903). — [7] PETER, A.: Hydrophyllaceae. ENGLER-PRANTL, Die natürlichen Pflanzenfamilien, Teil IV, 3. Abt. a, S. 54. Leipzig 1897. — [8] REINSCH, J.: Über die Entstehung der Ästivationsformen von Kelch und Blumenkrone dikotyler Pflanzen und über die Beziehungen der Deckungsweisen zur Gesamtsymmetrie der Blüte. Flora (Jena) **121**, 77 (1926). — [9] SCHÖNLAND, S.: Campanulaceae. ENGLER-PRANTL, Die natürlichen Pflanzenfamilien, Teil IV, Abt. 5, S. 40. Leipzig 1894. — [10] TROLL, W.: Vergleichende Morphologie der höheren Pflanzen. 1. Bd.: Vegetationsorgane Teil 1. Berlin 1937. — [11] TROLL, W.: Allgemeine Botanik. Ein Lehrbuch auf vergleichend-biologischer Grundlage. Stuttgart 1948. — [12] WYDLER, H.: Kleinere Beiträge zur Kenntnis einheimischer Gewächse. Flora (Jena) **43**, 593 (1860).

III. Über Verzweigung und Wurzelträgerbildung bei Selaginella.

Mit grundsätzlichen Erörterungen über die Natur der gabeligen und seitlichen Verzweigung.

Von

Wilhelm Troll.

Mit 19 Textabbildungen.

Die Gattungen *Selaginella* und *Lycopodium* sind es im wesentlichen, welche mit ihren etwa 880 Arten die Klasse der Lycopodiinae in der rezenten Vegetation der Erde vertreten.

Als einer der wichtigsten Charaktere, der sowohl den rezenten wie den fossilen Vertretern der Klasse zukommt, muß die Art der Verzweigung von Sprossen und Wurzeln angesehen werden. Sie folgt, wenn auch nicht ausschließlich, so doch überwiegend dem Typus der Gabelung oder Dichotomie, was SACHS ([14], S. 452) veranlaßt hat, für die ganze Klasse die Bezeichnung „Dichotomeen" zu wählen, mit der ausdrücklichen Begründung, daß „er eines der augenfälligsten, allen hierher gehörigen Pflanzen gemeinsamen Merkmale in den Vordergrund stellt".

Auf der Grundlage der Dichotomie, insbesondere der Dichotomie ihrer Sprosse, haben die Lycopodiinen mannigfache Wuchsformen entwickelt, über die ich, nachdem schon GOEBEL ([9], S. 1154) einen kurzen Überblick gegeben hatte, an anderer Stelle ausführlich gehandelt habe ([17], S. 465). Zu wenig berücksichtigt wurden bisher die interessanten Konvergenzen zu Wuchsformen von Samenpflanzen und sogar zu gewissen Moosen, die zeigen, daß auch hier die unterschiedliche Organisation dieser Pflanzen übergreifende gestalttypische Ähnlichkeiten bestehen, vergleichbar jenen, die vom Bereich der Blüte her bekannt sind (TROLL [16]). Unter diesem Gesichtspunkt muß auch ein Merkmal verstanden werden, das uns vorzugsweise bei den höher organisierten *Selaginella*-Arten begegnet, nämlich das Auftreten ruhender Astanlagen. Da es bisher so gut wie unbeachtet geblieben ist, soll es im Rahmen dieser Abhandlung die ihm gebührende Würdigung erfahren, und zwar am Beispiel von *Selaginella umbrosa*.

Zu den Sproßverzweigungen gehören auch die Wurzelträger der Selaginellen. Über sie haben wir hier ebenfalls neue Beobachtungen mitzuteilen, die an *Selaginella Willdenowii*, einer daraufhin noch nicht studierten Art, gewonnen wurden. Sie sind geeignet, auf die Frage nach der morphologischen Natur der Wurzelträger, dieser für *Selaginella* überhaupt so bezeichnenden Organe, ein entscheidendes Licht zu werfen.

An erster Stelle aber soll noch die Verzweigung der Lycopodiinen ganz allgemein ins Auge gefaßt werden, wozu deshalb Veranlassung besteht, weil die Erkenntnis, daß sie durchweg dem Schema der Dichotomie folgt, sich in verschiedenen Hand- und Lehrbüchern noch nicht allgemein durchgesetzt hat, ja bei dem Mangel an Exaktheit in der morphologischen Begriffsbildung, der in erschreckendem Maße um sich greift, verlorenzugehen droht.

I. Die Verzweigung der Lycopodiinen im allgemeinen.

1. Dichotomie und seitliche Verzweigung als gegensätzliche Verzweigungstypen.

Wenn wir die Gesamtheit der Pteridophyten auf die Verzweigung hin überblicken, so läßt sich das Ramifikationsgeschehen, wie auch sonst überall, nach den beiden Grundformen der Dichotomie und der seitlichen Verzweigung gliedern.

Die seitliche Verzweigung ist dadurch gekennzeichnet, daß sie, wie der Name besagt, nicht am Sproßscheitel, sondern hinter diesem, also aus seitlichen Teilen des Achsenkörpers, erfolgt. Dessen Spitzenwachstum wird mithin durch den Verzweigungsvorgang nicht unterbrochen. Das Ergebnis ist ein Sproßsystem mit einheitlicher Hauptachse und Seitensprossen, die dieser, wenigstens der Entstehung nach, untergeordnet sind. Am bekanntesten ist die seitliche Verzweigung bei den Samenpflanzen, bei denen man auch von **axillärer Verzweigung** spricht, weil die Anlagen der Seitensprosse ganz allgemein an die Blattachseln gebunden sind. Dies trifft für die seitlich sich verzweigenden Pteridophyten — es handelt sich um die Farne und Equiseten — nicht zu; wo dennoch axilläre Verzweigung vorzuliegen scheint, haben wir es, wie ich anderwärts gezeigt habe ([17], S. 510), mit Grenzfällen des sonst üblichen Verhaltens zu tun.

Als Grundregel der Dichotomie hat demgegenüber die Tatsache zu gelten, daß die Verzweigung vom Achsenscheitel, und zwar vom Vegetationspunkt selbst ihren Ausgang nimmt. Dieser bringt im Verlauf des Sproßwachstums allererst Blattanlagen hervor, die in akropetaler Richtung zur Erscheinung kommen, ohne daß hierbei die Form des Achsenscheitels irgendwie sich ändert (Abb. 1, I). Ein Wechsel in diesem Verhalten tritt erst ein, wenn sich die Sproßspitze zur Gabelung anschickt, was regelmäßig in gewissen zeitlichen Abständen der Fall ist. Alsdann erlischt die Wachstumstätigkeit an der Spitze und geht auf zwei ihr unmittelbar benachbarte Punkte über. Die Folge ist, daß an Stelle des alten Vegetationspunktes zwei neue sich bilden, die nun ihrerseits in

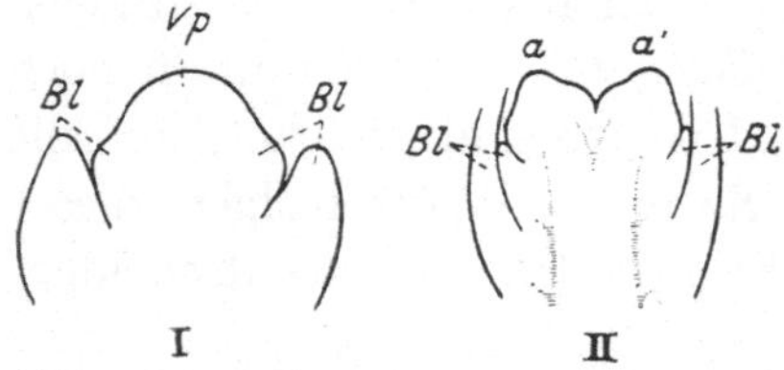

Abb. 1. *Lycopodium alpinum.* I Vegetationskegel mit Blattanlagen (*Bl*); *Vp* Vegetationspunkt; II Scheitelregion eines gegabelten Sprosses. *Bl* Blätter; *a, a'* die Anlagen der beiden Gabeläste, die bereits selbst wieder zur Blattanlegung schreiten. Nach Hegelmaier.

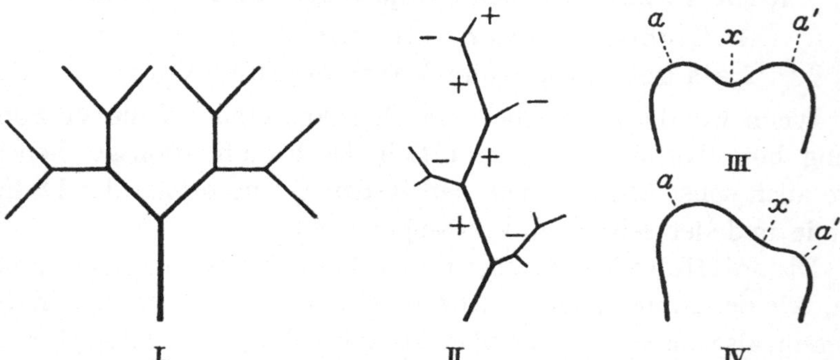

Abb. 2. Isotome und anisotome Gabelung. I, II Schema eines isotom (I) und eines anisotom (II) verzweigten Sproßsystems. Mit + und — sind in II die jeweils stärkeren bzw. schwächeren Gabeläste bezeichnet. III, IV Isotomie und Anisotomie am Vegetationspunkt; *x* das alte Scheitelende, das sich seitwärts in die beiden Astanalgen *a* und *a'* fortgesetzt hat; diese sind in III gleich stark entwickelt (Isotomie), in IV aber von vornherein in ungleicher Größe aufgetreten (Anisotomie).

Tätigkeit treten und Blattanlagen erzeugen (Abb. 1, II). Man bezeichnet die neu auftretenden beiden Sprosse, die in Abb. 1, II schon herangewachsen sind, als Gabeläste, den sie erzeugenden Achsenabschnitt als Fußstück oder Podium der Dichotomie.

Mit der Gabelung des Vegetationspunktes ist die Verzweigung im wesentlichen vollzogen. Ihr folgt über kurz oder lang eine Gabelung der Äste, die sich an deren Gabeltrieben wiederholt usw. Im ganzen kommt auf solche Weise ein Verzweigungssystem zustande, wie es Abb. 2, I im Schema zeigt. Kennzeichnend dafür ist vor allem, daß die Gabeläste in gleicher Stärke auftreten, ein Verhalten, das von mir durch den Begriff der Isotomie gekennzeichnet wurde ([17], S. 468). Daneben kommt häufig eine Art der Gabelung vor, die ich a. a. O. als Anisotomie angesprochen habe, weil die Gabeläste gemäß Schema Abb. 2, II ungleich stark sind und in dieser unterschiedlichen Stärke bereits am Vegetationspunkt in Erscheinung treten, wie der Vergleich von Schema Abb. 2, IV

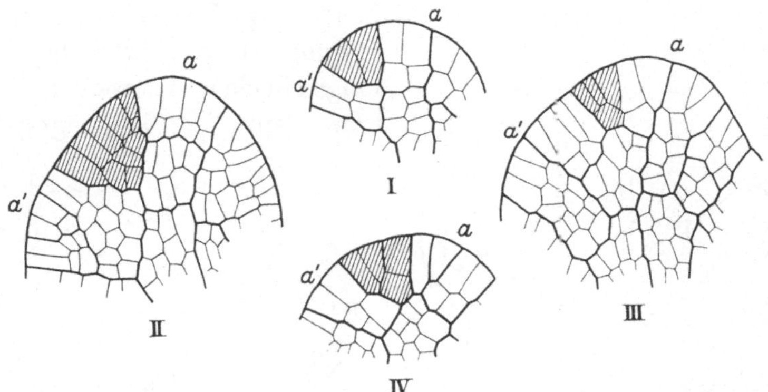

Abb. 3. *Selaginella Kraussiana*. Scheitelwachstum und Verzweigung des Sprosses. I und IV jüngere, II und III ältere Stadien. Die aus der Aufteilung der Scheitelzelle hervorgegangene Zellgruppe durch Schraffierung kenntlich gemacht. *a* und *a'* die Anlagen der beiden Gabeläste, von denen sich *a* von vornherein stärker entwickelt und den terminalen, der aufgeteilten Scheitelzelle entsprechenden Zellkomplex zur Seite drängt. In IV hat der geförderte Gabelast (*a*) erneut eine Scheitelzelle gebildet. Segmentgrenzen durch stärkere Linien hervorgehoben. Nach EIFFERT.

mit Schema III lehrt, welch letzteres für den Fall isotomer Gabelung gilt. Im Extrem dürfte der schwächere Gabelast in Gestalt eines bloßen Vegetationspunktes zurückbleiben. BRUCHMANN ([4], S. 293) hat dergleichen für die Wurzeln von *Selaginella Preissiana* beschrieben.

Daß bei dichotomer Verzweigung der Vegetationskegel wirklich am Scheitelpunkt sein Wachstum einstellt, zeigt sich am deutlichsten bei Scheitelzellwachstum, weswegen auf das schon anderwärts (TROLL [17], S. 466) herangezogene Beispiel von *Psilotum* verwiesen sei. Der Dichotomie geht hier regelmäßig das Schwinden der Scheitelzelle voraus, wobei die Mitte des Vegetationspunktes in den Dauerzustand übertritt; die Scheiteltätigkeit wird daraufhin von zwei neuen, unmittelbar neben dem bisherigen Scheitelpunkt liegenden Initialflächen aufgenommen, die selbst wieder zum Scheitelzellwachstum übergehen. Unter den Lycopodiinen ist Scheitelzellwachstum auf die Gattung *Selaginella* beschränkt, wo es aber die sonst gewohnte Regelmäßigkeit vermissen läßt. Gleichwohl konnte EIFFERT [5] entgegen anders lautenden Angaben WANDs [20] auch hier feststellen, daß am Beginn der Verzweigung die Tätigkeit des alten Sproßscheitels erlischt und in den ihm benachbarten Segmenten neue Scheitelpunkte entstehen (Abb. 3). Bei seitlicher Verzweigung dagegen bliebe die Scheitelzelle, ihr Wachstum in der bisherigen Weise fortsetzend, erhalten, indes neue Scheitelzellen als Astanlagen neben ihr in den Segmenten entstünden. Dieses Verhalten ist, wie ich früher ([17], S. 498) ausgeführt habe, für die Farne charakteristisch, selbst dort, wo deren Verzweigung, äußerlich besehen, einer Gabelung gleicht.

Auch die Symmetrie der Sprosse nimmt Einfluß auf die Dichotomie. Ich habe in dieser Hinsicht zwischen einer cruciaten und flabellaten Form der gabeligen Verzweigung unterschieden ([17], S. 474). Im Falle flabellater Ausbildung erfolgen sämtliche Gabelungen in ein und derselben Ebene, was dem Verzweigungssystem

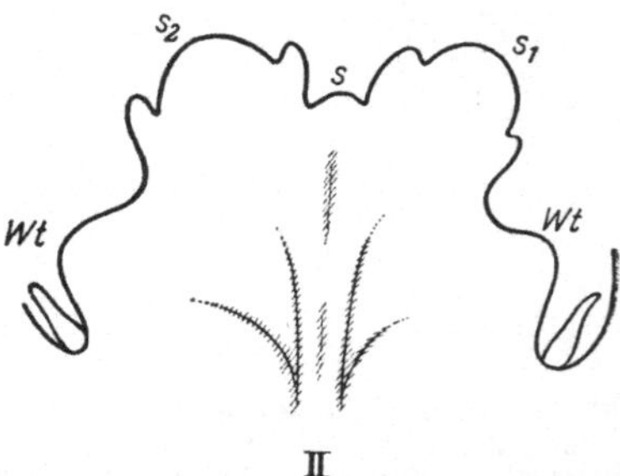

Abb. 4. *Selaginella Lyallii.* I Scheitelregion eines der aufrechten Laubsprosse (Abb. 7, II), die anisotome Gabelung zeigend; s_1—s_4 Minusäste, von denen s_4 sich bereits selbst wieder in anisotomer Weise gegabelt hat. Der von s und s_1 gebildete Scheitel entspricht dem Schema Abb. 2, IV. Man erkennt deutlich, daß die Verzweigung keine Beziehung zur Blattbildung aufweist; diese erfolgt erst hinter der Region, in der die Gabelung des Scheitels stattfindet; II Rhizomscheitel mit 2 Minusästen (s_1 und s_2). s und s_1 stehen im Verhältnis von a und a' in Schema Abb. 2, IV, nur hat s_1 den Scheitel s vorübergehend überflügelt; *Wt* Wurzelträgeranlagen. Sonstige Erklärung im Text. Nach BRUCHMANN.

insgesamt ein flächenhaft-wedelartiges, ja geradezu an reich gegliederte Fliederblätter erinnerndes Aussehen verleiht. In Kombination mit Anisotomie tritt uns ein solches Gabelsystem in Abb. 4, I, in stärker modifizierter Form auch in Abb. 4, II entgegen, welch letztere dem Verständnis zunächst Schwierigkeiten bereitet, hauptsächlich deshalb, weil das Größenverhältnis zwischen dem Plus- und Minusast anfangs umgekehrt ist, d. h. es wächst der Minusast (s_1) vorübergehend stärker heran als der Plusast (s), der aber das Versäumte nachholt und im Fortgang der Entwicklung sehr wohl seine wahre Natur bekundet. Im Verhältnis von $s + s_1$ zu s_2 erkennt man klar, daß nach erfolgter Gabelung der Plusscheitel, der sich nachher in s und s_1 gesondert hat, den Minusscheitel (s_2) in der Entwicklung nicht nur wieder eingeholt sondern zudem überholt hat. Flabellat ist auch dieses System, weil die Auszweigungen alle einer Ebene sich einordnen.

Cruciate Gabelsysteme sind demgegenüber dadurch ausgezeichnet, daß die Ebene jeder folgenden Gabelung diejenige der vorhergehenden rechtwinkelig schneidet. Es handelt sich hierbei um ein Symptom radiärer Sproßgestaltung, während die flabellate Form auf Bilateralität oder Dorsiventralität des Sproßbaues beruht.

Endlich soll noch auf den Zusammenhang zwischen Verzweigung und Beblätterung hingewiesen werden. Er ist besonders innig bei axillärer Verzweigung, wo das Fehlen der Blätter die Verzweigung überhaupt unmöglich machen würde. Von der Dichotomie kann Gleiches nicht behauptet werden. Ein solcher Zusammenhang ist hier von vorneherein nicht zu erwarten. Geht die Ramifikation doch von der noch blattanlagenfreien Vegetationsspitze aus, was gleichbedeutend damit ist, daß die Astanlagen vor der Entstehung der Blattprimordien zur Ausbildung gelangen. Die gabelige Verzweigung hat also die Blattbildung nicht zur Voraussetzung, eine Tatsache, die einprägsam von Pteridophyten wie den devonischen Rhynien illustriert wird, die der Beblätterung völlig entbehrten und trotzdem dichotom verzweigte Triebe bildeten. Dasselbe Verhalten kehrt bei den rezenten Psilotinen (*Psilotum, Tmesipteris*) wieder, hier an den unterirdischen Sprossen, die den photophilen Sprossen gegenüber durch Fehlen der Beblätterung ausgezeichnet sind.

Eine lockere Beziehung zwischen Dichotomie und Blattbildung läßt sich bei *Selaginella* aufzeigen, und zwar bei den dekussiert beblätterten Arten, also bei sämtlichen Angehörigen der Gattung mit Ausnahme von *S. spinulosa*. Schon die Zahl der zwischen 2 Gabelungsstellen auftretenden Blattpaare weist eine gewisse Konstanz auf, z. B. bei *S. Kraussiana*, wo sich nach EIFFERT ([5], S. 4) in einem solchen Abschnitt 7—9, an schwächeren Trieben auch nur 5—7 Blattpaare vorfinden. Noch auffallender ist das Auftreten der sog. Angularblätter. Sie gehören der Sproßunterseite an, wo sie jeweils dicht unterhalb des von einer Gabelung gebildeten Winkels stehen. Es sei auf Abb. 5 verwiesen, einen in Unteransicht dargebotenen Laubsproß von *S. Willdenowii*, an dem die betreffenden Blattorgane mit *A* bezeichnet sind. GOEBEL ([8], S. 332) hat als eine Eigentümlichkeit der Angularblätter hervorgehoben, daß sie annähernd symmetrisch gestaltet sind, ein

Merkmal, durch das sich diese „Mittelblätter" recht auffallend von den übrigen, gerade den größeren, der Unterseite der Sprosse angehörenden Blattorganen unterscheiden.

Fassen wir zusammen, so wäre zu sagen, daß die Dichotomie einerseits und die axilläre, überhaupt die seitliche Verzweigung andererseits zwei scharf voneinander gesonderte Ramifikationsformen sind, die ihrer ganzen Art nach

Abb. 5. *Selaginella Willdenowii*, Laubtrieb in Unteransicht. *A* die jeweils in Einzahl unterhalb einer Gabelung stehenden Laubblätter.

unverbunden nebeneinander bestehen. Zwar kann die seitliche Verzweigung, falls die Astanlagen frühzeitig gefördert werden, eine Dichotomie vortäuschen (Beispiel „dichotomer" Farne). Umgekehrt vermag die Anisotomie den Eindruck zu erwecken, als vermittle sie zwischen gabeliger und seitlicher Verzweigung. Was wie ein Übergang aussieht, ist in Wahrheit aber gar kein solcher sondern eine konvergente Angleichung. Fälle dieser Art begegnen uns auch im Bereich der Algen, wo sie Goebel ([8], S. 83) als Zwischenformen mißdeutet und zum Beleg für seine Auffassung angeführt hat, daß es „zwischen echter Dichotomie und seitlicher Verzweigung schon bei den Thallophyten Übergänge" gibt — schon bei den Thallophyten: es ist danach Goebels Ansicht, daß auch bei den höheren Pflanzen solche Übergänge auftreten. Hier tut sich ein Gegensatz zu unseren obigen Ausführungen auf, der eine Klärung erfordert.

2. Dichotomie und seitliche Verzweigung bei Algen.

Bei den von GOEBEL erörterten Fällen handelt es sich durchweg um Braunalgen, auf der einen Seite um *Dictyota*-Arten und auf der anderen um Sphacelariaceen. Diese Pflanzen eignen sich zur Erörterung der hier in Rede stehenden Frage besonders deshalb, weil sie sämtlich ein ausgeprägtes Scheitelzellwachstum zeigen. Freilich hat eine fruchtbare Diskussion zur Voraussetzung, daß man als ausschlaggebend für die Beurteilung der Verzweigungverhältnisse die Vorgänge am Vegetationsscheitel zugrunde legt. Es trifft zwar zu, was GOEBEL ([8], S. 82) sagt: „daß die Art der Verzweigung am Scheitel nicht immer maßgebend für die weitere Ausbildung der Zweige ist." Wohl aber ist sie entscheidend für die Beurteilung des Verzweigungscharakters.

Unter den Braunalgen weist gabelige Verzweigung insbesondere *Dictyota dichotoma* auf, wo die Dichotomie so straff durchgeführt ist, daß sie die Scheitelzelle selbst ergreift. Bekanntlich ist diese unter Abgabe uhrglasförmiger Segmente einschneidig tätig. Kommt es zur Verzweigung, so tritt in ihr aber eine längs orientierte Teilungswand auf, durch die sie in zwei kongruente Tochterzellen zerlegt wird. Jede derselben gliedert dann erneut eine linsenförmige Initiale ab, die bei Wiederaufnahme der Segmentierung je einen Thallusast erzeugt. Die Gabelung des Vegetationspunktes geht hier also auf die Scheitelzelle zurück. Sie erfolgt außerdem streng isotom, was bei gleichmäßiger Entwicklung der Gabeläste eine isotome Ausbildung des ganzen Verzweigungssystems zur Folge hat (*Dictyota dichotoma*). Bei *Dictyota Mertensii* verläuft der Gabelungsprozeß selbst ebenso. Nachher aber macht sich zwischen den beiden Astanlagen ein Unterschied bemerkbar, der schon im Tempo der Segmentierung zur Geltung kommt. Man vergleiche Abb. 6 I, wo die rechte Tochterzelle bereits drei, die linke aber erst 2 Segmente gebildet hat. Und da sich diese als Anisotomie zu bezeichnende Modifikation weiterhin erhält, so weicht *D. Mertensii* auch im entwickelten Zustand durch ungleiche Stärke der Gabeläste von *D. dichotoma* ab. Wer die die Verzweigung einleitenden Vorgänge am Thallusscheitel untersucht, wird aber niemals darüber im Zweifel sein, daß trotzdem echte Dichotomie vorliegt. Es zeigt sich somit auch hier wieder, daß das Aussehen im entwickelten Zustand für die Beurteilung des Verzweigungscharakters nicht maßgebend sein kann.

Die Auffassung, daß Vertreter von Sphacelariaceengattungen sich nach dem Muster der Dichotomie verzweigten, geht auf PRINGSHEIM zurück. Es handelt sich insbesondere um *Cladostephus*, wo der Thallus neben zahlreichen Kurztrieben vereinzelt Langtriebe erzeugt. Die Kurztriebe sind rein seitlichen Ursprungs und entstehen erst in größerer Entfernung vom Scheitel,

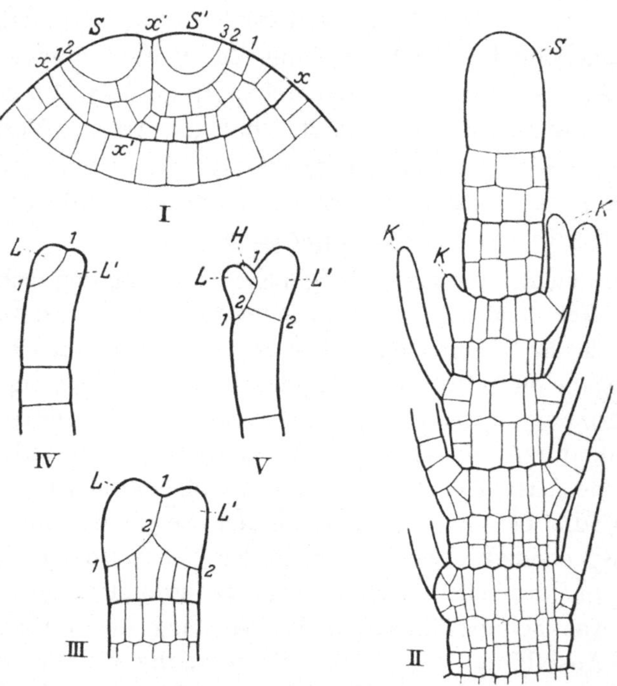

Abb. 6. Verzweigung von Braunalgen. I *Dictyota Mertensii*, in Gabelung begriffener Thallusscheitel mit den beiden Scheitelzellen S und S′; x x die rückwertige Begrenzung der ursprünglichen Scheitelzelle, die durch die mediane Wand x′ x′ aufgeteilt wurde. Die Scheitelzelle S hat erst zwei, die Scheitelzelle S′ bereits 3 Segmente gebildet (die Teilungswände mit *1, 2* und *3* bezeichnet); II—V *Cladostephus verticillatus*; II Langtrieb im Längsschnitt mit Kurztriebanlagen (*K*); S Scheitelzelle. Segmentgrenzen verstärkt hervorgehoben; III Längsschnitt durch einen in Verzweigung begriffenen Thallusscheitel. Die Scheitelzelle wurde durch die Wände *1, 1* und *2, 2* in 3 Zellen aufgeteilt, von denen L den Thallus in monopodialer Weise fortsetzt, während L′ zu einem seitlichen Langtrieb auswächst; IV, V Scheitelregion von Kurztrieben, in Verzweigung begriffen. Bezeichnungen wie in III; H in V Pseudoaxillarzelle (zu einem „Haar" auswachsend); I nach GOEBEL, sonst nach PRINGSHEIM und SAUVAGEAU aus OLTMANNS.

wo sie aus einzelnen Zellen der bereits stark aufgeteilten Segmente hervorgehen (Abb. 6, II). Anders die Langtriebe. Bei ihrer Bildung treten in der bis dahin nur durch Querwände zerlegten Scheitelzelle abweichende Teilungen auf (Abb. 6, III). Auf eine schräge Uhrglaswand (*1—1*) folgt eine zweite Wand (*2—2*), die sich an die Wand *1—1* ansetzt. Damit ist die Scheitelzelle in 3 Zellen zerlegt. Die beiden terminalen Glieder der Gruppe, mit L und L' bezeichnet, liefern weiterhin Langtriebe, während die dahinter liegende Zelle nach Art der ihr abwärts sich anschließenden Segmente aufgeteilt wird.

OLTMANNS ([12], S. 421), dem GOEBEL a. a. O. gefolgt ist, hat nun, auf PRINGSHEIM fußend, die Aufteilung der Scheitelzelle, insbesondere die Bildung der beiden Zellen L und L', als Dichotomie aufgefaßt. Dieser Deutung hat aber SAUVAGEAU energisch widersprochen, und dies sicher zu Recht. Nach ihm gleichen die Vorgänge, welche zur Anlegung eines Langtriebes führen, im Grunde jenen, die auch bei der Kurztriebbildung zu beobachten sind. Sie sind nur in die Scheitelregion verlegt und dementsprechend modifiziert, worauf hier nicht näher eingegangen zu werden braucht. Jedenfalls hat auch OLTMANNS in der 2. Auflage seines Algenbuches ([13], S. 104) sich der Auffassung SAUVAGEAUs angeschlossen, die den Widerspruch vermeidet, der in der von vorneherein unwahrscheinlichen Annahme liegt, es könnte die Zweigbildung ein und derselben Pflanze auf zwei grundverschiedenen Wegen vor sich gehen. Zudem steht auch die Verzweigung der Kurztriebe damit in Einklang, die nur insofern abweicht, als die Anlegung der Wand $2-2$ bei ihr eine Verzögerung erfährt (Abb. 6, IV, V). Man würde deshalb, wenn man den Blick allein auf diese Triebe richtete, von vornherein nicht auf den Gedanken kommen, daß es sich um eine Dichotomie handeln könnte.

So bleibt also von den vermeintlichen Übergängen zwischen gabeliger und seitlicher Verzweigung nichts übrig, mit anderen Worten: auch bei den Braunalgen stehen sich die beiden Verzweigungsarten unvermittelt gegenüber. Wenn GOEBEL ([8], S. 84) glaubt, es sei überflüssig, in einem einzelnen Falle darüber zu streiten, ob eine „echte Dichotomie" vorliege, so kann man dem kaum zustimmen. Diese Aussage umschließt nämlich den Verzicht auf exakte Kriterien, die auch GOEBEL benötigt. Denn a. a. O. bezeichnet er es unter anderem als Aufgabe der morphologischen Untersuchung, zu ermitteln, wieweit ein bestimmter Verzweigungsmodus innerhalb einer natürlichen Gruppe konstant ist. Man beachte wohl: ein „bestimmter", d. h. doch ein streng definierter Verzweigungsmodus! Mit verschwommenen und verschwimmenden Charakterisierungen kann also der Morphologie nicht gedient sein. Sie hat, wie anderwärts, so auch in der Frage nach der Natur der Verzweigungsformen, auf das Wesen der Phänomene zu dringen und sich von dort her klare, entschiedene Begriffe zu holen.

3. „Monopodiale" Verzweigung bei den Lycopodiinen?

Häufig werden in der Literatur die Begriffe der monopodialen und sympodialen Verzweigung im Zusammenhang mit der Dichotomie gebraucht. Das muß von vorneherein befremden. Denn bei der Monopodien- und Sympodienbildung handelt es sich um Formen rein seitlicher Verzweigung, die sich voneinander nur dadurch unterscheiden, daß das Wachstum der Hauptachse im einen Falle (Monopodium) ohne Unterbrechung anhält, während sich sympodiale Sproßsysteme, nachdem das Spitzenwachstum der jeweiligen Hauptachse erloschen ist, mit Hilfe von Seitensprossen fortsetzen. Sind zwei solcher Fortsetzungssprosse vorhanden, so spricht man bekanntlich von einem Dichasium; bei Ausbildung nur eines einzigen Fortsetzungstriebes entsteht ein sog. Monochasium. Was an diesen wie eine einheitliche Hauptachse aussieht, ist in Wirklichkeit ein Sympodium, d. h. ein aus einer Reihe konsekutiver Seitensprosse zusammengesetzter Achsenkörper.

Eine einheitliche Hauptachse fehlt nun dichotomen Sproßsystemen unter allen Umständen. Wenn also schon Begriffe, die an sich der Kennzeichnung von Sonderformen seitlich verzweigter Sproßsysteme vorbehalten bleiben sollten, auf sie Anwendung finden, so könnte man höchstens von einem Sympodium sprechen, wie es etwa Goebel ([8], S. 85) tut. Es entspräche dann die isotomgabelige Verzweigung einem Monochasium. In beiden Fällen aber handelt es sich um bloße Analogien, d. h. darum, daß bei Verschiedenheit des Grundplanes dennoch ein einheitliches Verzweigungsbild sich ergibt. Nichts aber ist in der Morphologie gefährlicher, als bauplanmäßige Unterschiede durch die Verwendung einer gleichlautenden Terminologie zu verwischen. Deshalb sollte man den Begriff des Sympodiums, wo es sich um Dichotomie handelt, ganz vermeiden. Erfreulicherweise hat diese Konsequenz neuerdings bereits Fitting gezogen und zwar in der letzten Auflage des Lehrbuches der Botanik für Hochschulen, in der der früheren Auflage gegenüber der Begriff des Sympodiums aus der Behandlung der gabeligen Sproßverzweigung ([10], S. 86) gestrichen ist.

Es fehlt nun allerdings eine die Iso- und Anisotomie übergreifende, auf dichotome Sproßsysteme allgemein anwendbare Bezeichnung. Ich schlage hierfür den Begriff des Dichokladiums vor und stelle ihm den Begriff des Holokladiums gegenüber, der Sproßsysteme kennzeichnen soll, die nach dem Prinzip der

seitlichen Verzweigung aufgebaut sind. Das Dichokladium tritt
uns in Gestalt iso- und anisotomer Systeme entgegen. Das Holokladium kann entweder als Monopodium oder als Sympodium ausgebildet sein und differenziert sich bei sympodialem Aufbau in
die beiden Formen des Monochasiums und des Dichasiums (Pleio-
chasiums). Wir gelangen also zu folgender Übersicht:

   I. Dichokladium (dichotome Verzweigung):

     1. Isotome Systeme.

     2. Anisotome Systeme.

  II. Holokladium (seitliche Verzweigung).

     1. Monopodium.

     2. Sympodium.

       a) Monochasium,

       b) Dichasium (Pleiochasium).

Vielfach ist es bequem, für die durch Dichotomie des Scheitels ent-
standene scheinbare Hauptachse anisotomer Gabelungssysteme
einen besonderen Ausdruck zur Verfügung zu haben. Wir wählen hierfür
die Bezeichnung Dichopodium, welche dem Begriff des Sympodiums
analog gebildet ist. Darunter verstehen wir ja nicht nur ein ganzes, durch
sympodiale Verzweigung gebildetes Sproßsystem, sondern auch die scheinbare Hauptachse von Monochasien.

Vollkommen irreführen muß es, wenn mit der Dichotomie die
monopodiale Verzweigung in Beziehung gebracht wird. So meint
SACHS ([14], S. 453), daß die Verzweigung des Stammes mancher
Lycopodiaceen der monopodialen Form sich annähere. Gemeint
ist damit der anisotome Wuchs von Arten wie *Lycopodium anno-
tinum* und *Lycopodium clavatum*, der fast allgemein im Aufbau
der Sproßsysteme von *Selaginella* wiederkehrt. Auf sie bezieht sich
auch die Äußerung BRUCHMANNs, man könne diese Art der Zweigbildung als „Übergangsform der echten Dichotomie zur monopodialen Verzweigung" ansehen [1]. Unter „echter Dichotomie" ist
hier die Isotomie verstanden, unter monopodialer Verzweigung dagegen die Anisotomie. Doch ist diese ja ebenfalls eine echte Dichotomie. Sie hat mit monopodialer Verzweigung nichts, aber auch
gar nichts zu tun, wenn man auf das Wesen der Erscheinung, d. h.
auf die Vorgänge am Vegetationspunkt dringt. Zu welchen Kon-
sequenzen diese unscharfe Begriffsverwendung führt, zeigt sich,
wenn wir ENGLERs Syllabus der Pflanzenfamilien [6] aufschlagen,
wo es auf S. 105 von den Lycopodiaceen heißt: „Sporophyt monopodial, oft scheinbar gabelig verzweigt." Hier sind die tatsächlichen
Verhältnisse geradezu auf den Kopf gestellt. Berichtigt müßte die

Stelle lauten: Sporophyt gabelig, oft scheinbar seitlich („monopodial") verzweigt. Hier ist damit, daß die Anisotomie mit seitlicher Verzweigung verwechselt wurde, eine völlig irrige Auffassung entstanden.

Aber auch abgesehen davon sind die Lycopodiinen, was die Dichotomie ihrer Sprosse anlangt, in den Lehrbüchern teilweise recht unvollkommen charakterisiert. Zum Beleg führen wir das Lehrbuch der Botanik für Hochschulen an ([10], S. 400). Zunächst vermag der Leser bei der dort gegebenen Darstellung das von SACHS mit Recht so betonte, weil allen hierher gehörigen Pflanzen gemeinsame Merkmal der Dichotomie seiner zentralen Bedeutung nach nicht gebührend zu würdigen. Klar wird nur in dem der Behandlung der Pteridophytenklassen am Schluß angehängten Überblick darauf hingewiesen. Bei der Schilderung der Lycopodiinae-Lycopodiales dagegen vernehmen wir lediglich, noch dazu im Kleindruck: „Die dichotome Verzweigung der Stengel steht nicht in Beziehung zu den Blättern." Danach sieht es aus, als wenn eine solche Beziehung bei Dichotomie sonst vorhanden wäre. Zwar haben wir oben schon auf das entsprechende Verhalten der Selaginellen hingewiesen mit ihren jeweils unterhalb der Gabelungsstellen auftretenden Angularblättern. Jedoch besteht auch bei ihnen keine strenge baugesetzliche Beziehung zwischen Blattbildung und Verzweigung, jedenfalls keine solche, die der Koppelung von Blattbildung und Verzweigung bei axillärem Ursprung der Äste vergleichbar wäre. Bei den Lycopodiaceen fehlt eine Abhängigkeit der Verzweigung von der Blattbildung schon ganz und gar. Mit dem Hinweis auf den morphologischen Teil des Lehrbuches (S. 86) wird der angeführte Mangel nur teilweise behoben, weil a. a. O. die systematische Bedeutsamkeit des in Rede stehenden Charakters naturgemäß nicht zur Geltung gelangen kann, wenn auch das Vorkommen der Dichotomie bei den Bärlappgewächsen und einigen ihnen nahestehenden Pteridophytenklassen hervorgehoben wird.

Alle diese Irrungen und Wirrungen sind freilich zum Teil auf die mangelhafte Darstellung des Verhältnisses von Dichotomie und seitlicher Verzweigung in morphologischen Werken zurückzuführen. In dieser Beziehung müssen wir nochmals auf GOEBELs „Organographie" zurückkommen. Die vielfachen Anregungen, die die neuere pflanzenmorphologische Forschung diesem außerordentlichen Buch verdankt, dürfen nicht über die Grundlagenkrise der

Morphologie hinwegtäuschen, die in ihm, zumal in seinem allgemeinen Teil, ihren Niederschlag gefunden hat. Es handelt sich, wie ich anderwärts ([17], S. 42) ausgeführt habe, insbesondere um die Verkennung der Bedeutung, welche der typologischen Methode für morphologische Forschung jeder Art zukommt. GOEBEL nimmt teilweise sogar gegen sie Stellung. Es fehlt also in der „Organographie" weithin der Gesichtspunkt des Bauplanes, weshalb es nicht wunder nehmen darf, wenn das auf solch unsicherer Unterlage errichtete Gebäude in seinem Gemäuer Risse und Sprünge aufweist. Sie zeigen sich, von anderen Stellen abgesehen, auch bei der Behandlung der Verzweigungsverhältnisse.

II. Verzweigung und Wuchsform von *Selaginella umbrosa*.

Wir können die Gattung *Selaginella*, wenn wir das Verhalten des Sproßsystems zugrunde legen, in 2 Gruppen sondern. Ein Teil der Arten, als deren Repräsentant etwa *S. Martensii* gelten kann, ist dadurch ausgezeichnet, daß sämtliche Sprosse oberirdisch entwickelt werden. Zu dieser Gruppe gehört auch *S. Wildenowii*, eine hochwüchsige Art, die nach dem Muster von Spreizklimmern im Gebüsch emporsteigt, was ihr vermöge der sparrigen Verzweigung ihrer Triebe gelingt. Die Verbindung mit dem Substrat nimmt das Sproßsystem in diesen Fällen allein durch die Wurzelträger auf, die dementsprechend kräftig ausgebildet sind.

Diesen rein photophilen Arten stehen die geophilen Vertreter der Gattung gegenüber, die zwar nicht periodisch „einziehen", aber mit einem Teil ihrer Triebe dauernd unterirdisch leben. Wir können hier also zwischen photophilen und geophilen Verzweigungen trennen. Im einzelnen herrschen charakteristische Unterschiede, die sich auch in der Wuchsform der Gesamtpflanze auswirken.

Uns interessiert hier namentlich *S. umbrosa*, deren komplizierter Aufbau sich dem Verständnis unmittelbar nur schwer erschließt. Wir werden deshalb, bevor wir auf ihn eingehen, erst die einfacheren Wuchsverhältnisse behandeln, die zwei andere hierher zu stellende Arten, *S. Preissiana* und *S. Lyallii*, darbieten.

1. *Selaginella Preissiana*.

Diese im Westen Australiens beheimatete zwergige Pflanze, die kleinste aller *Selaginella*-Arten, ist von BRUCHMANN [4] näher geschildert worden. Wie aus der Habitusdarstellung in Abb. 7, I hervorgeht, besteht ihr Vegetationskörper aus einer plagiotrop orientierten unterirdischen Achse, dem sog. „Rhizom", an dem neben Wurzelträgern, die abwärts wachsen, aufgerichtete photophile Triebe entspringen. Diese allein tragen Laubblätter, indes

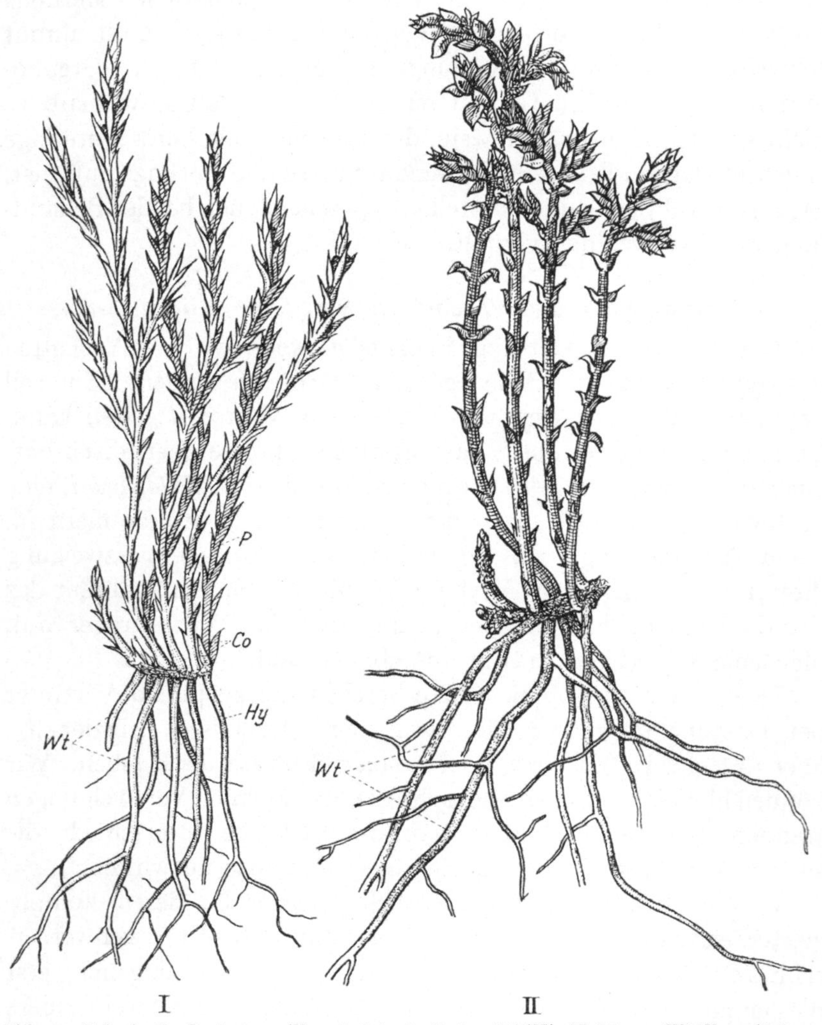

Abb. 7. *Selaginella Preissiana* (I) und *Selaginelle Lyallii* (II), Habitus. *Wt* Wurzelträger. An der Pflanze in I sind noch die Organe des Jugendstadiums erhalten, nämlich die beiden Kotyledonen (*Co*), das Hypokotyl (*Hy*) und der „Primärsproß" (*P*); letzterer entspricht dem Minusast der ersten Gabelung, die der Sproßvegetationspunkt der Keimpflanze erfährt; der ihm entsprechende Plusast geht als erstes Podium in das Rhizom ein. Nach BRUCHMANN, zum Teil verändert.

die unterirdischen Achsenteile mit Blattorganen besetzt sind, die BRUCHMANN als „Niederblätter" anspricht. Sie weichen von den Laubblättern unter anderem durch ihren zerfransten Rand ab.

Bemerkenswert ist auch, daß die Triebe, zum mindesten die photophilen Triebe, isophyll beblättert sind, so daß sich die sonst geläufige Unterscheidung von Ober- und Unterblättern (Dorsal- und Ventralblättern) hier erübrigt.

Um einen Überblick über den Aufbau des Sproßsystems zu erhalten, verweisen wir auf Schema Abb. 8, I, in dem die an sich aufgerichteten photophilen Sprosse horizontal gezeichnet und außerdem die von ihnen begrenzten Abschnitte des Rhizoms verlängert wiedergegeben sind. Aus dieser Skizze geht zunächst hervor, daß die Laubsprosse — so wollen wir die photophilen Triebe

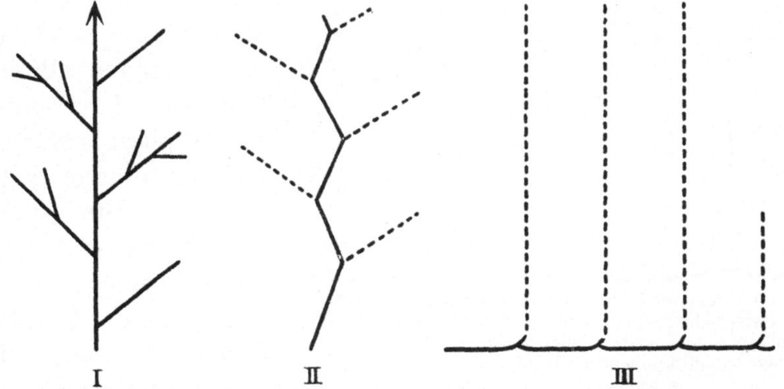

Abb. 8. *Selaginella Preissiana,* schematische Darstellung der Wuchsverhältnisse. Minusäste in II und III mit unterbrochenen Linien gezeichnet. Sonstige Erklärung im Text.

weiterhin auch nennen — am Rhizom sich in zweizeiliger Anordnung vorfinden, ein Umstand, der schon auf die gabelige Natur des Sproßsystems hindeutet. Dieses stellt ein durch Anisotomie modifiziertes Dichokladium dar. Die schwächeren Gabeläste nehmen darin orthotrope Orientierung an und werden zu den photophilen Trieben, die, wenn sie sich verzweigen (was nur teilweise der Fall ist), selbst wieder anisotom gegabelt sind. Die stärkeren Gabeläste bilden in ihrer Gesamtheit das Rhizom, das somit ein Dichopodium darstellt (Abb. 8, II). Im Aufriß ergibt sich das Verhalten des Schemas Abb. 8, III, das, von der Streckung der das Rhizom zusammensetzenden Podien abgesehen, mit dem Habitusbild der Pflanze in Abb. 7, I übereinstimmt. An diesem ist auch noch der Keimsproß samt Hypokotyl und Kotyledonen zu erkennen. Schon er verzweigt sich anisotom in einen Minus- und einen Plusast, welch letzterer kurz bleibt und das erste Rhizompodium abgibt.

2. *Selaginella Lyallii.*

Zum Unterschied von *S. Preissiana* handelt es sich bei dieser ebenfalls von Bruchmann [3] monographisch bearbeiteten Pflanze um eine kräftige Art, deren Triebe 50 cm Höhe erreichen können. Im Wuchs stimmt sie hingegen völlig mit *S. Preissiana* überein, wenn wir davon absehen, daß die photophilen Triebe in ihrem zu plagiotroper Orientierung übergehenden Endabschnitt nach dem Muster von Abb. 4, I reich verzweigt sind (Abb. 7, II). Auch in der Beblätterung herrscht Ähnlichkeit mit *S. Preissiana*, dies insofern, als das Rhizom mit gleichgestalteten, farblosen und ge-

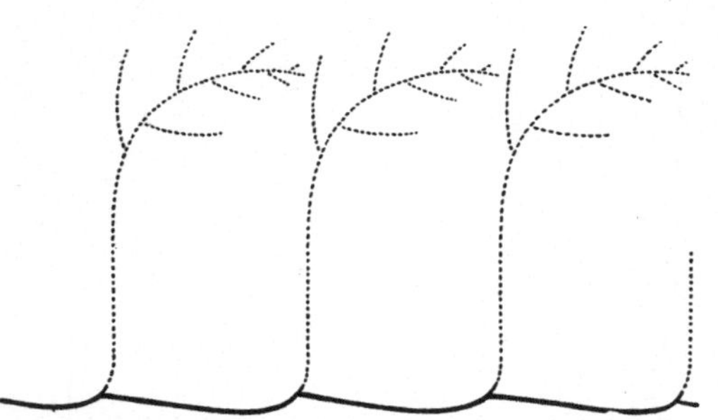

Abb. 9. *Selaginella Lyallii*, Wuchsschema im Aufriß. Es entspricht Schema Abb. 8, III, nur sind die aufgerichteten Minusäste regelmäßig in wedelartiger Weise verzweigt und endwärts plagiotrop orientiert.

fransten Niederblättern besetzt ist. Auch die unverzweigten Basaltteile der Laubsprosse sind isophyll beblättert. Die von anderen Arten her bekannte Anisophyllie setzt erst in den oberen, bei ihrer reichen Verzweigung an Fiederblätter erinnernden Sproßabschnitten ein, die darin sowohl wie in ihrer anisotom-flabellaten Gabelung und ihrer plagiotropen Orientierung ihre Dorsiventralität bekunden.

Der Gesamtwuchs unserer Art ist in dem Aufrißschema Abb. 9 festgehalten, das, von den orhotropen Laubsprossen abgesehen, mit dem entsprechenden Wuchsschema von *S. Preissiana* (Abb. 8, III) identisch ist.

3. *Selaginella umbrosa.*

In derselben Weise, wie wir bei der Darstellung von *S. Lyallii* an *S. Preissiana* anknüpfen konnten, vermag uns hier *S. Lyallii* als Grundlage zu dienen. Was ihr gegenüber bei *S. umbrosa* neu hinzukommt, ist das Auftreten r u h e n d e r K n o s p e n.

Solche finden sich zunächst im Basalteil der wiederum wedelartig gestalteten Laubsprosse vor. Dessen Einfachheit beruht bei *S. Lyallii* darauf, daß er unverzweigt ist. Bei *S. umbrosa* hingegen ist dies nur scheinbar der Fall. In Wirklichkeit verfügt dieser Abschnitt über Astanlagen, die nur nicht zu Gabelästen auswachsen.

Außerdem treten ruhende Knospen am Rhizom auf, dessen einzelne Abschnitte hier ausläuferartig verlängert sind. Die ruhenden Anlagen gehören daran jeweils den rückwärtigen Teilen an.

Bemerkenswert ist ferner die Tatsache, daß die Fortsetzungstriebe, die wie sonst im Übergangsbereich zwischen dem geophilen und photophilen Abschnitt abzweigen, vielfach in Mehrzahl gebildet werden.

In übersichtlicher Darstellung treten uns diese Verhältnisse aus Schema Abb. 10 entgegen, in dem nur die Aufrichtung der photophilen Laubsprosse außer acht gelassen ist. Zum Beleg sei auf die photographischen Aufnahmen in Abb. 11 und 12 verwiesen. Was die ruhenden Knospen am Laubtrieb anlangt, so vergleiche man besonders Abb. 12, aus der man auch ersieht, daß die Knospengröße sproßaufwärts in ähnlicher Weise zunimmt, wie es von akroton geförderten Trieben der Samenpflanzen her bekannt ist. Gleiches gilt für das Rhizom, an dessen Abschnitten die

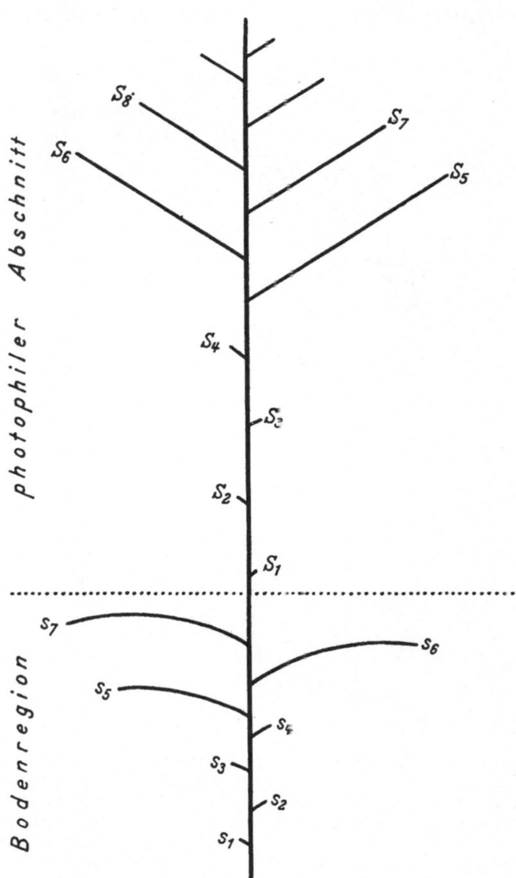

Abb. 10. *Selaginella umbrosa*, Wachsschema. Geophiler und photophiler Abschnitt des Verzweigungssystems in eine Ebene gebracht. Minusäste mit s_1, s_2 usw. (unterirdischer Abschnitt) bzw. mit S_1, S_2 usw. (oberirdischer Abschnitt) bezeichnet. s_1—s_4 und S_1—S_4 ruhende Astanlagen.

jeweils mit einer Gabelungsstelle identische Lage der ruhenden Knospen durch das Auftreten von Wurzelträgern markiert ist (Abb. 11).

Zusammenfassend läßt sich sagen, daß *S. umbrosa* im Wuchs mit den beiden vorerwähnten Arten im wesentlichen übereinstimmt, wenn man von der sehr viel reicheren Verzweigung absieht. Am deutlichsten kommt die darin bestehende Verschiedenheit an den Rhizomabschnitten zum Ausdruck, in denen bei *S. Preissiana* und *S. Lyallii* einfache Podien vorliegen, während sie bei *S. umbrosa* selbst wieder ganze Dichopodien mit spitzenwärts geförderten Astanlagen darstellen. Die Wahrung des Wuchstypus wird durch Hemmung der rückwärtigen Astanlagen erreicht.

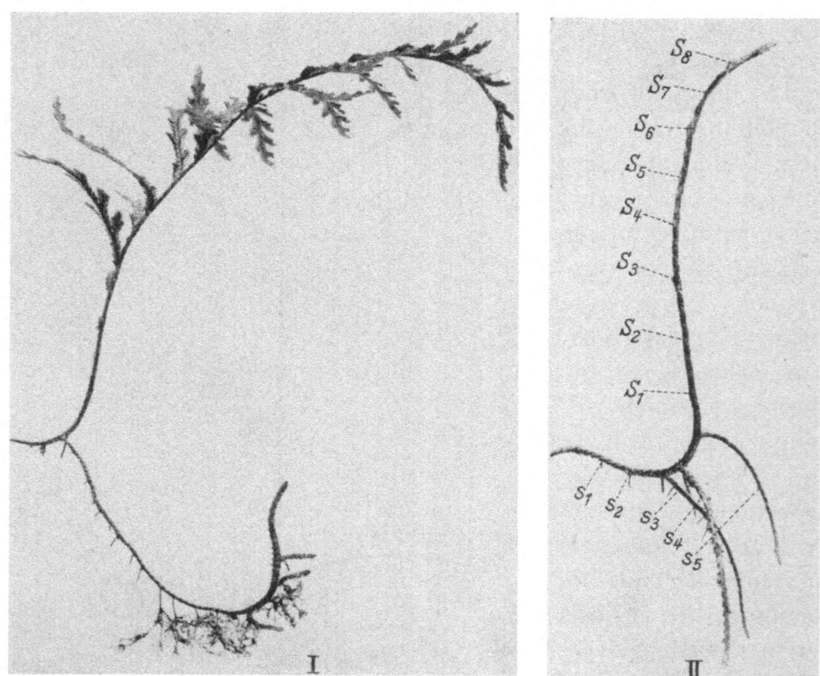

Abb. 11. *Selaginella umbrosa*. I Endabschnitt einer Pflanze mit entwickeltem (I) und in Entwicklung begriffenem photophilen Trieb (II). Bezeichnungen wie in Abb. 10. Von den dem unterirdischen System angehörenden Anlagen der Minusäste, die in II drei verlängerte Triebe gebildet haben, ist in I nur eine zu einem dichokladialen Fortsetzungsprozeß ausgewachsen, an dem sich in Verzweigung und Aufrichtung des Endes das Verhalten des vorausgehenden Dichokladiums wiederholt; Verzweigungsstellen der unterirdischen Triebe durch das Auftreten von Wurzelträgern markiert.

4. Konvergenz von *Selaginella umbrosa* zu Wuchsformen von Moosen und Samenpflanzen.

Zur Kennzeichnung der Wuchsform von *S. umbrosa* soll uns der Begriff des Staudenwuchses dienen. Er ist von den Samenpflanzen genommen, bei denen uns dieser Wuchstypus im Bereich der Angiospermen in weitester Verbreitung entgegentritt. Im einzelnen herrscht hierin große Mannigfaltigkeit, doch liegt überall ein gleichartiges Grundverhalten vor, worüber ich in meiner „Ver-

gleichenden Morphologie der höheren Pflanzen" ([17], S. 673 ff.)
ausführlich und in den „Fortschritten der Botanik" ([18], S. 22f.)
auch referierend gehandelt habe.

Wichtig sind in diesem Zusammenhang
vor allem das Erstarkungswachstum
und die Verzweigung der Erneuerungstriebe. Ersteres äußert sich am Achsenkörper selbst in der Dickenperiode seiner Internodien, zu der hinwiederum die Anisotropie
des Gesamtsprosses in Beziehung steht, nämlich die Erscheinung, daß dieser nach anfänglich plagiotroper Orientierung schließlich
zu orthotropem Wuchs übergeht (Abb. 13, I).
Der Wechsel ist an die Zone maximaler
Erstarkung gebunden, in der auch die Er-
neuerungsknospen angelegt werden. Sonst
treten Seitensprosse gewöhnlich nur im
orthotropen Abschnitt auf, wo sie als sog.
Bereicherungstriebe unterhalb der terminalen Infloreszenz sich vorfinden. Ihre Ausbildung wird von einer akrotonen Förde-
rungstendenz beherrscht, so zwar, daß an
der Basis des orthotropen Abschnittes die

Abb. 12. *Selaginella um-
brosa.* Photophiles System,
in Entwicklung begriffen.
Bezeichnungen wie in
Abb. 10.

höher am Trieb zur Entfaltung gelangenden Knospen in Ruhe
bleiben. Gleiches gilt, wie abermals Schema Abb. 13, I zeigt, für

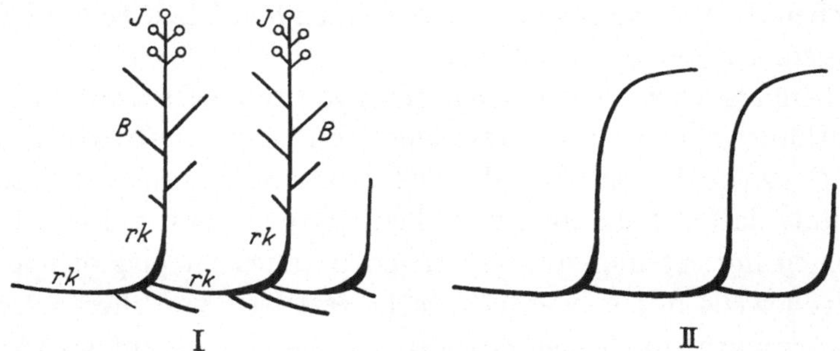

Abb. 13. Staudenwuchs angiospermer Samenpflanzen. Erstarkungszone der konseku-
tiven Erneuerungstriebe verstärkt hervorgehoben. *J* terminale Infloreszenz; *B* Bereiche-
rnugszone. Erneuerungstriebe in I insgesamt aufgerichtet, in II, wo Blütenbildung und Verzweigung der Übersichtlichkeit halber unberücksichtigt geblieben sind, endwärts zu plagiotroper Orientierung übergehend; *rk* der der Erneuerungs- bzw. der Bereicherungszone
vorausgehende, mit ruhenden Knospen ausgestattete Sproßabschnitt.

die plagiotrope Zone, in welcher die mit dem Bereich maximaler
Erstarkung zusammenfallende Erneuerungszone die geförderten

Sprosse hervorbringt. Diesen gehen also ebenfalls ruhende Sproß-
anlagen voraus.

Auch Radikation und Beblätterung der Erneuerungstriebe
verdienen noch erwähnt zu werden. Die sproßbürtigen Wurzeln
beschränken sich, darin den Erneuerungssprossen ähnlich, vielfach
ebenfalls auf die Region der maximalen Erstarkung. Was sodann
die Beblätterung anlangt, so besteht sie meistens, zumal bei geophiler Entwicklung der Innovationen, anfangs aus Niederblättern;
Laubblätter folgen diesen erst nach Abschluß der Erstarkung, d. h.
am Beginn des orthotropen Abschnittes, der im Endbereich gemäß
Schema Abb. 13, II (Beispiel: *Polygonatum multiflorum*) zu plagiotroper Orientierung zurückkehren kann.

Was uns hier nun vor allem interessiert, ist die aus dem Vergleich der schematischen Darstellungen in Abb. 10 und 13 zu ent-
nehmende Tatsache, daß *Selaginella umbrosa* samt den ihr ähnlichen
Arten der Gattung im Wuchstypus ganz das Verhalten der Stauden
zeigt, was deshalb alles andere eher als selbstverständlich ist, weil
die Selaginellen gegenüber den holokladialen Samenpflanzen eine
ganz andere, nämlich dichokladiale Organisation aufweisen. Übereinstimmung herrscht zunächst in der Anisotropie der Fortsetzungssprosse, die darin, daß sie nach ihrer Aufrichtung wieder
plagiotrope Orientierung annehmen, dem Beispiel der einschlägigen
Polygonatum-Arten (Abb. 13, II) folgen. Die Übergangsregion
zwischen dem plagiotropen und dem orthotropen Abschnitt erweist
sich auch hier als Maximum einer Dickenperiode, nur daß
sich eben die Erstarkung statt an einem einheitlichen Achsenkörper
an einem Dichopodium vollzieht.

Ebenfalls nach dem Muster der Samenpflanzen wird von der
Erstarkung sodann die Verzweigung und die Ausbildung der
Blattorgane beeinflußt. Was letztere anlangt, so wurde schon
erwähnt, daß sich Laubblätter allein im photophilen Bereich der
einzelnen Fortsetzungssprosse vorfinden, indes der plagiotrope Abschnitt jeweils mit Niederblättern besetzt ist. Vor allem aber ist
die Verzweigung bemerkenswert. In dieser Hinsicht lassen sich
2 Förderungszonen unterscheiden, die in ihrer Lage ganz den
beiden Förderungsbereichen im Schema des Staudenwuchses entsprechen: nämlich einerseits der Bereicherungszone und andererseits der Erneuerungszone. In ihnen allein wachsen die Minusäste
des Dichopodiums zu selbst wieder sich verzweigenden Sprossen
aus, während sie im übrigen auf dem Knospenstadium verharren.

An die Stelle der sproßbürtigen Wurzeln treten hier die Mittelsprosse (S. 74), die zwar, wenigstens in den basalen Teilen, an sämtlichen Gabelungsstellen vorgesehen oder angelegt, aber nur in der Erstarkungszone zu Wurzelträgern ausgebildet werden. Die Dorsiventralität der Fortsetzungssprosse wirkt sich in der Entwicklung allein der unterseitigen Wurzelträgerprimordien aus (Abb. 11).

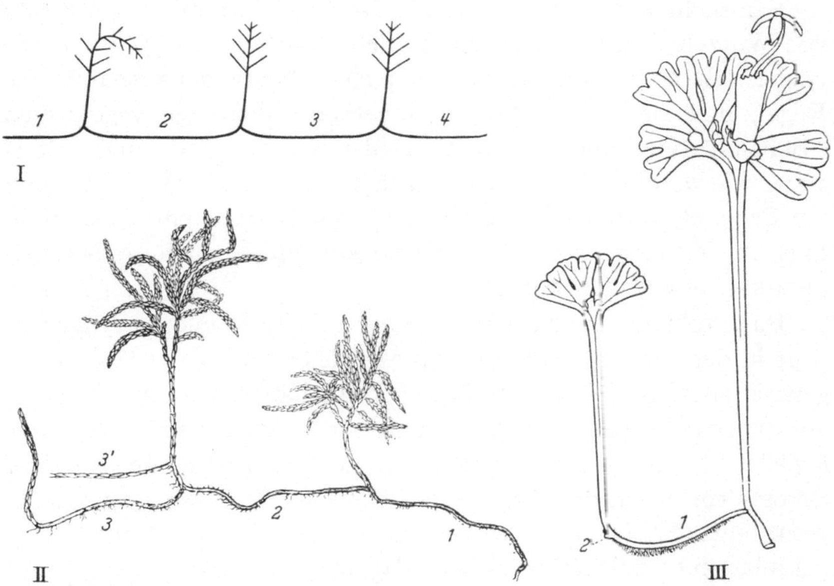

Abb. 14. I Wuchsform der Bäumchenmoose, schematisch; II *Climacium dendroides*; *1*, *2*, *3* usw. konsekutive Fortsetzungssprosse, die nach anfänglich plagiotroper Orientierung jeweils zu orthotropem Wuchs übergehen. Der Fortsetzungstrieb *2* in II hat seinerseits 2 Erneuerungstriebe (*3* und *3'*) gebildet; III *Hymenophytum flabellatum*. Der fruktifizierende Thallus hat an der Basis seines orthotropen, endwärts flabellat verzweigten Abschnittes in sympodialer Weise einen Fortsetzungstrieb (*1*) gebildet, der selbst wieder in der Anlegung eines solchen begriffen ist (*2*); I und II nach MEUSEL; III nach GOEBEL.

Von Bryophyten, die in der Gestaltung ihres Vegetationskörpers Konvergenzen zum Staudenwuchs aufweisen, sollen in erster Linie die sog. Bäumchenmoose genannt werden, deren bekannteste Vertreter den Gattungen *Thamnium* und *Climacium* angehören. Ihretwegen sei auf die eingehende Darstellung bei MEUSEL ([11], S. 199 und 209) verwiesen. Dieser ist auch das Schema ihres Wuchses in Abb. 14 I entnommen, das vor allem den auf der Anisotropie der Fortsetzungstriebe beruhenden sympodialen Aufbau erkennen läßt. An sich sind die Sprosse ihrer ganzen Erstreckung nach zur Bildung von Seitenästen befähigt. Gleichwohl beschränkt sich die Verzweigung in der uns von angiospermen Stauden her geläufigen Weise auf die Erneuerungszone und den Endabschnitt der Triebe (Abb. 14, II).

Daß derselbe Wuchstypus auch bei Formen von thalloser Organisation auftreten kann, lehren die Lebermoosgattungen *Blyttia*, *Symphyogyna* und *Hymenophytum*, die alle drei neben kriechenden, einfach thallosen Arten solche von staudenähnlicher Gestaltung. aufweisen. Schon Goebel ([9], S. 695) hat hervorgehoben, es sei deren „Verhalten genau dasselbe wie z.B. das der gleichfalls sympodial aufgebauten Rhizome von *Polygonatum*-Arten". Hier mag der Hinweis auf eine dieser merkwürdigen Pflanzen, das in Abb. 14, III wiedergegebene *Hymenophytum flabellatum*, genügen.

III. Die Wurzelträgerbildung von *Selaginella Willdenowii*.

1. Die Sproßnatur der Wurzelträger von *Selaginella*.

Sämtliche Arten der Gattung *Selaginella* sind durch den Besitz von Wurzelträgern ausgezeichnet. Sehen wir von den Keimwurzelträgern ab, so gilt für diese eigenartigen Organe als ausnahmslose Regel, daß sie allein an den Gabelungsstellen der vegetativen Triebe auftreten und zwar in Einzahl je auf der Ober- und Unterseite. Sie werden wie Sprosse exogen angelegt und entstehen schon am Scheitel, vermutlich zugleich mit den Gabelästen. Ihrer Stellung an den Astgabeln entsprechend können sie auch als Mittelsprosse bezeichnet werden.

Das Problem, das die Wurzelträger dem Morphologen aufgeben, liegt in der Frage beschlossen, ob es sich bei ihnen um Organe sui generis oder um veränderte Laubsprosse handelt. Unter Hinweis auf die eingehende Darstellung in meiner „Vergleichenden Morphologie" ([17], S. 293) kann gesagt werden, daß in ihnen blattlose Sprosse vorliegen, die sich die den beblätterten Trieben normalerweise fehlende Fähigkeit bewahrt haben, sproßbürtige Wurzeln hervorzubringen. Wir haben es bei *Selaginella* mit einem hochinteressanten Differenzierungsphänomen zu tun, welches darin besteht, daß sich die Verzweigungen in blattlose, aber Wurzeln erzeugende und beblätterte Sprosse sondern, an denen die Wurzelbildung unterdrückt ist.

Für die Sproßnatur der Wurzelträger beweisend ist vor allem die Tatsache, daß es verhältnismäßig leicht gelingt, sie in beblätterte Sprosse überzuführen, die mit dieser Umgestaltung gleichzeitig das Wurzelbildungsvermögen einbüßen und dann völlig den Laubsprossen gleichen. Bei manchen Arten erfolgt diese Umbildung spontan, wenn man die Pflanzen unter besondere Kulturbedingungen bringt. Bruchmann ([2], S. 158) berichtet dergleichen von *S. Kraussiana* und *S. Poulteri*. Zieht man in Töpfen kultivierte Exemplare im Sommer im Freien, so bildet sich im Herbste, veranlaßt durch die zunehmende Kühle, jede Sproßspitze zu einer Blüte aus, womit das gesamte vegetative Wachstum dieser Pflanzen seinen Abschluß findet. „Regte ich sie nun durch weitere Kultur

im warmen Raume zu neuem Leben an, so wurden alle Wurzelträgeranlagen der jüngsten Verzweigungswinkel zu beblätterten
Sprossen umgewandelt, wodurch diese Pflanzen sich die Möglichkeit ihrer weiteren Existenz schufen, welche sonst durch die Ähren-
bildung abgeschlossen schien." Wie hieraus zu ersehen ist, kommt
es, will man die Weiterentwicklung der Wurzelträgerprimordien
hervorrufen, lediglich auf die Sistierung des sonstigen vegetativen
Wachstums an; sie kann sowohl auf künstlichem wie auf natürli-
chem Wege — im ersteren Fall durch Amputation der Triebspitzen,
im letzteren besonders durch die Herbeiführung der Blütenbildung — veranlaßt werden.

Von besonderem Interesse ist in diesem Zusammenhang die
Beobachtung GOEBELs ([7], S. 197), daß *S. grandis* regelmäßig,
also ohne äußeren Eingriff, bestehe er in einer Amputation oder
Änderung der Kulturbedingungen, statt der Wurzelträger mit
Blättern versehene Mittelsprosse erzeugt. Im Gesamtwuchs stimmt
diese Art, wie oben schon erwähnt wurde, mit *S. umbrosa* überein.
Wie diese bringt sie im Bereich des „Rhizoms" typische Wurzelträger hervor. Die belaubten Mittelsprosse, die *S. umbrosa* abgehen, gehören den über das Substrat sich erhebenden Laubtrieben
an. Sie verharren aber durchweg im Knospenzustand. Zu Laubtrieben wachsen sie nur an Sproßstücken aus, die amputiert oder
als Stecklinge behandelt werden.

An diese Art nun schließt sich *S. Willdenowii* an. Mehrere
Jahre hindurch fortgesetzte Beobachtungen an kultivierten Exem-
plaren belehrten mich darüber, daß hier die Entwicklung der Mittelsprosse zu Laubtrieben, üppiges Gedeihen vorausgesetzt, ein ganz
normaler Vorgang ist. Dazu kommen einige andere Eigentümlich-
keiten, so besonders die Gestaltung der blattlosen Wurzelträger.
Es verlohnte sich also, die Pflanze einem näheren Studium zu
unterziehen.

2. Aufbau des Sproßsystems von *Selaginella Willdenowii*.

Wie schon im Eingang zum II. Abschnitt (S. 65) hervorgehoben
wurde, gleicht *S. Willdenowii*, was den Gesamtwuchs anlangt, im
wesentlichen *S. Martensii*. Unterschieden ist sie von ihr eigentlich
nur durch die bedeutenden Ausmaße ihres ebenfalls rein oberirdisch sich entwickelnden Sproßsystems, das deshalb eines Haltes
bedarf und diesen nach Art von Spreizklimmern an anderen Pflanzen findet.

In der Beblätterung läßt sich gegenüber *S. Martensii* eine gewisse Differenzierung erkennen. Sie steht in Beziehung zum Aufbau des ganzen Dichokladiums. Dieser wird von einer als Dichopodium zu bezeichnenden Scheinachse beherrscht. An den Minusästen wiederholt sich dieselbe Gliederung. Auch in ihrer Verzweigung ist also ein Dichopodium zu erkennen, das aber an Stärke der Podien der „Hauptachse" bedeutend nachsteht. Typische Laubblätter nun finden sich allein an den Gabelästen höherer Ordnung vor, während die Beblätterung im übrigen aus chlorophyllarmen Schuppenblättern besteht, die sich auch darin den Niederblättern anderer Arten ähnlich verhalten, daß sie der Sproßachse mehr oder minder dicht anliegen, mit anderen Worten, daß sie sich, wenn überhaupt, nur unvollständig entfalten.

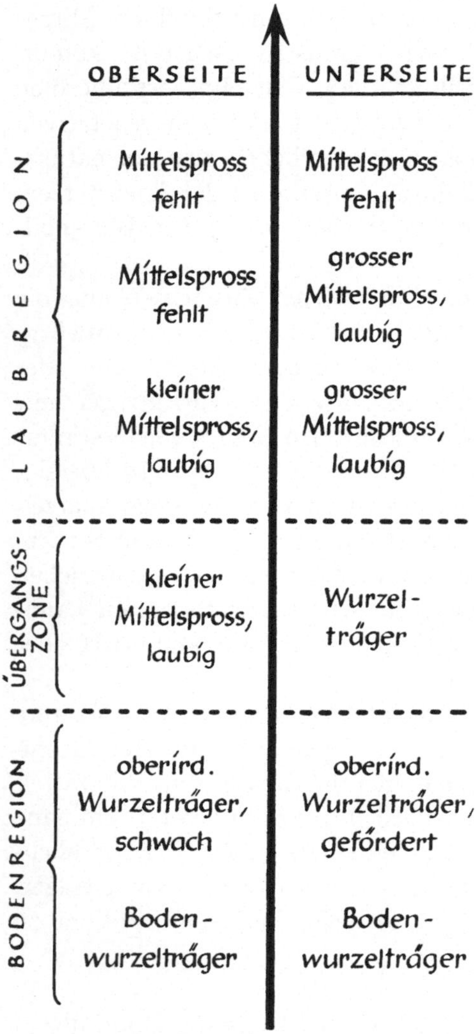

Die Sprosse sind in allen Verzweigungsgraden dorsiventral. Die Unterscheidung der Ober- und Unterseite gelingt am leichtesten an Hand der Angularblätter, die zwar der Sproßoberseite nicht völlig fehlen, auf der Unterseite aber schon durch ihre bedeutende Größe auffallen (Abb. 5).

	OBERSEITE	UNTERSEITE
LAUBREGION	Mittelspross fehlt	Mittelspross fehlt
	Mittelspross fehlt	grosser Mittelspross, laubig
	kleiner Mittelspross, laubig	grosser Mittelspross, laubig
ÜBERGANGS-ZONE	kleiner Mittelspross, laubig	Wurzel-träger
BODENREGION	oberird. Wurzelträger, schwach	oberird. Wurzelträger, gefördert
	Boden-wurzelträger	Boden-wurzelträger

Abb. 15. *Selaginella Willdenowii*, Schema des Aufbaues. Das das gesamte Verzweigungssystem beherrschende Dichopodium durch den aufgerichteten starken Pfeil versinnbildlicht.

In Übereinstimmung mit anderen Arten treten an den Gabelungsstellen des Sproßsystems beiderseits Anlagen von Mittelsprossen auf. Zur Entwicklung gelangen diese bevorzugt an den stärkeren Trieben. In ihrer Ausbildung kommt die Polarität zur

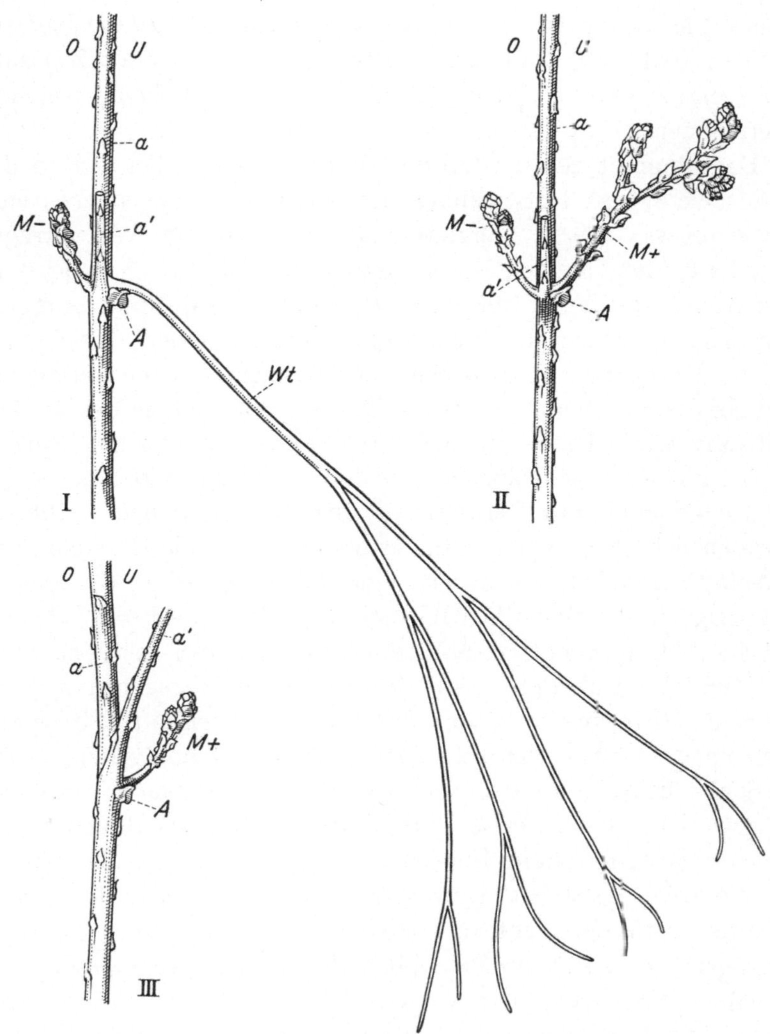

Abb. 16. *Selaginella Willdenowii*, gegabelte Sproßstücke der Übergangsregion (I) und der Laubregion (II, III) in Seitenansicht (*U* Unter- und *O* Oberseite). Vgl. die schematische Übersicht in Abb. 15; *A* Angularblätter, den sonstigen Blättern gegenüber durch ihre Größe ausgezeichnet; *a* und *a'* Plus- und Minusast jeweils einer Gabelung; *Wt* Wurzelträger; *M +* und *M —* laubige Mittelsprosse der Unter- und Oberseite des Dichopodiums.

Geltung. In den basalen Bereichen gehen aus ihnen nämlich allein Wurzelträger der gewöhnlichen Art hervor, während sie in den höheren Teilen der Pflanze Laubsprosse liefern. Dort stehen dann vier mit Laubblättern besetzte Triebe beisammen: jeweils in Gestalt eines Plus- und Minusastes 2 Gabelsprosse und in einer zur Ausbreitungsrichtung des flabellaten Dichokladiums senkrechten Ebene 2 Mittelsprosse, die allerdings verhältnismäßig kurz bleiben, für den Fall aber, daß die Gabelsprosse in Ein- oder Zweizahl auf irgendeine Weise verlorengehen, an deren Stelle die Fortsetzung übernehmen.

Dazu kommt der Einfluß der Dorsiventralität, der sich in der unterschiedlichen Entwicklung der unter- und der oberseitigen Mittelsprosse äußerst. Letztere sind, ob es sich um Wurzelträger oder Laubtriebe handelt, stets schwächer. Höher ·im Sproßsystem fällt der oberseitige Mittelsproß aus, und erst in der Spitzenregion folgt seinem Schicksal auch der unterseitige Partner. Interessant ist die Übergangszone zwischen der basalen Wurzelträgerregion und der oberen Region, in der die Mittelsprosse laubige Beschaffenheit aufweisen. Hier steht auf der Unterseite häufig ein Wurzelträger, mit dem sich oberseits ein laubiger Mittelsproß paart.

Die geschilderten Verhältnisse sind in dem Schema Abb. 15 übersichtlich zusammengefaßt. Sie werden durch die Darstellungen in Abb. 16 erläutert, von denen I eine Gabelung aus der Übergangszone zeigt, in der einem Wurzelträger auf der Oberseite ein kleiner, mit Laubblättern besetzter Mittelsproß gegenübersteht, während in II und III Gabelungen aus der Region wiedergegeben sind, in der beide Mittelsprosse Laubtriebcharakter aufweisen (II) bzw. nur noch einer derselben, der unterseitige, zur Ausbildung gelangt (III).

Schließlich soll noch ein Vergleich mit *S. Martensii* durchgeführt werden, die sich bei Beziehung auf *S. Willdenowii* als gehemmte Form erweist, gehemmt im Gesamtwuchs, besonders aber darin, daß die Anlagen der Mittelsprosse in den höheren Teilen des Sproßsystems überhaupt nicht entwickelt werden. Wäre dies der Fall, so gingen aus ihnen zweifellos ebenfalls laubige Mittelsprosse von derselben Art hervor, wie wir sie bei *S. Willdenowii* angetroffen haben. Wir können also auch hier von einem gemeinsamen Typus sprechen, der sich voll nur bei *S. Willdenowii* entfaltet.

3. Wurzelträger- und Wurzelbildung
bei *Selaginella Willdenowii*.

Die Ähnlichkeit, die zwischen *S. Martensii* und *S. Willdenowii* im Gesamtwuchs besteht, spiegelt sich wieder in der Gestaltung der Wurzelträger. Diese wachsen auch bei *S. Willdenowii* unter wiederholter Verzweigung dem Boden zu, den allerdings nur jene erreichen, die aus den basalen Sproßteilen entspringen. Nur dort vermögen die Wurzelträger deshalb auch zur Wurzelbildung zu

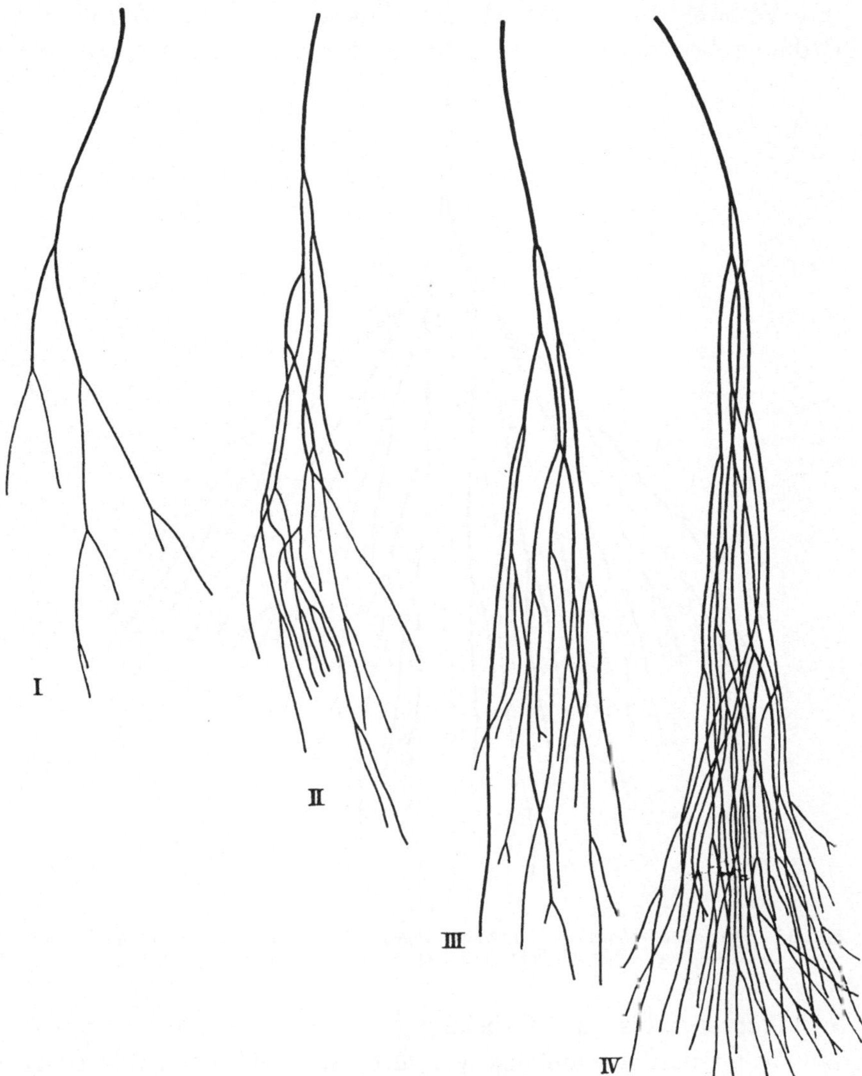

Abb. 17. *Selaginella Willdenowii*, Luftwurzelträger. Sie sind teils schwach (I, II) teils reich verzweigt (III, IV).

schreiten. Soweit sie aus höheren Teilen des Achsenkörpers hervorgehen, endigen sie frei in der Luft.

Diese Luftwurzelträger, wie wir sie nennen wollen, verdienen unser besonderes Interesse. Vor allem ist bemerkenswert die bedeutende Länge, zu der sie heranzuwachsen vermögen. Sie beträgt im Maximum an die 60 cm! Dementsprechend erhöht ist auch die Zahl der Gabelungen. Während die Wurzelträger von *S. Martensii* ihre Verzweigung schon nach der Bildung von Gabelästen dritter Ordnung beschließen, zählt man an den Luftwurzelträgern von

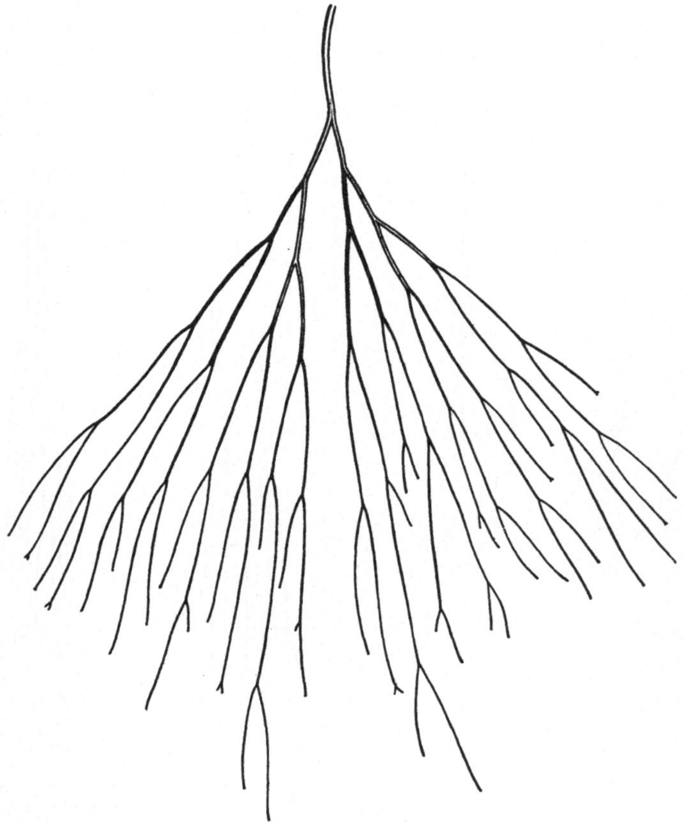

Abb. 18. *Selaginella Willdenowii*, Luftwurzelträger. Die Äste des cruciaten Dichokladiums sind der Übersichtlichkeit halber in einer Ebene ausgebreitet.

S. Willdenowii bis zu 9 Gabelungsgrade, wozu zu bemerken ist, daß das anfangs gleichmäßige Verhalten der Gabeläste (Abb. 16, I) im Fortgang der Entwicklung verlorengeht. Davon überzeugt ein Blick auf Abb. 17, I, die einen Wurzelträger wiedergibt, der frühzeitig sein Wachstum eingestellt hat. Wird es über dieses Stadium hinaus fortgesetzt, so ergeben sich die reichgliederigen Verzweigungssysteme Abb. 17, II—IV. Bei der Hemmung, von der das Wachstum einzelner Gabeläste betroffen wird, dürfte es sich

übrigens kaum um eine Anisotomie handeln, da sonst auch Dicken-
unterschiede nachweisbar sein müßten.

Da die Wurzelträger, wie bei *Selaginella* allgemein, radiär ge-
baut sind, so folgt ihre Gabelung dem cruciaten Typus, was in
Abb. 18 durch die unterschiedliche zeichnerische Behandlung zum

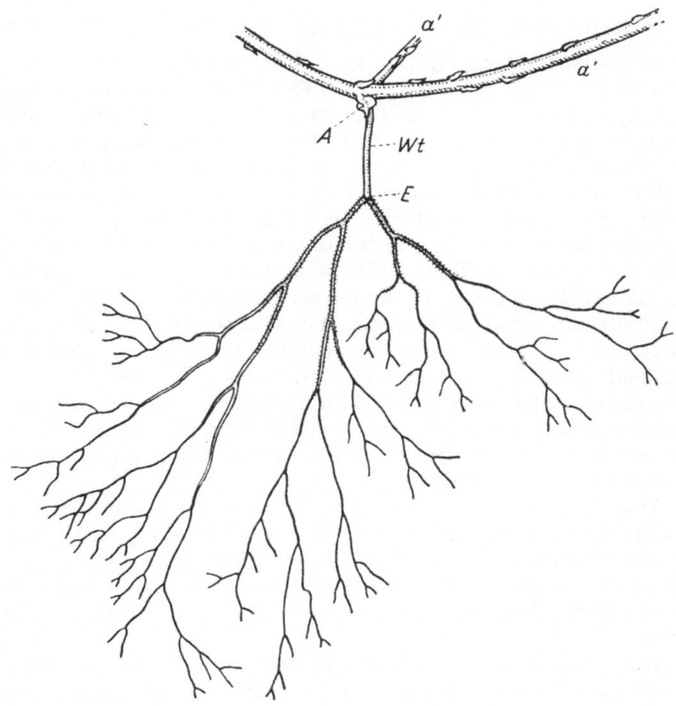

Abb. 19. *Selaginella Willdenowii*, gegabeltes Sproßstück der Bodenregion mit Wurzelträger *Wt*. Dieser ist kurz und unverzweigt geblieben; aus seinem Ende (*E*) ist eine aus-
giebig dichotom verzweigte Wurzel hervorgegangen, die sich vom Wurzelträger auch durch
ihre Behaarung unterscheidet. Sonstige Bezeichnungen wie in Abb. 16.

Ausdruck gebracht ist, welche die Gabeläste im Bereich der nie-
dersten Verzweigungsgrade erfahren haben.

Den Luftwurzelträgern gegenüber bleiben die im Boden oder
in unmittelbarer Bodennähe auftretenden Wurzelträger (Boden-
wurzelträger) gewöhnlich unverzweigt, eine Behauptung, der
Abb. 19 nur scheinbar widerspricht. Die Spitze des Wurzelträgers
hat hier nämlich, noch bevor sie selbst zur ersten Gabelung ge-
schritten ist, endogen ein Wurzelprimordium erzeugt, das ausgewachsen ist und sich, in Übereinstimmung mit den Wurzeln der
übrigen *Selaginalle*-Arten, im Verlauf seiner Entwicklung selbst

wiederholt gabelig verzweigt hat. Die erste Dichotomie des Scheitels erfolgt schon kurz nach der Anlegung, so daß das Organ bereits gegabelt aus dem Wurzelträgerende hervorkommt. Die Grenze zwischen Wurzelträger und Wurzel gibt sich deutlich auch in der Behaarung der letzteren zu erkennen.

4. Verhalten der Mittelsprosse gegenüber Wuchsstoff.

Nach Untersuchungen SEIDLS [15] schließen sich die Wurzelträger von *S. Martensii* in ihrem Verhalten gegenüber Wuchsstoff den Wurzeln und nicht den Sprossen der höheren Pflanzen an, was dazu verleiten könnte, sie, allen morphologischen Befunden zum Trotz, die eindeutig für die Sproßnatur sprechen, mit Wurzeln zu homologisieren. Eine solche Argumentation wäre indes, wie ich schon anderwärts ([19], S. 25) ausgeführt habe, nicht stichhaltig. Zwar liegen ähnliche Versuche mit geophilen, insbesondere positiv-geotropischen Sprossen noch kaum vor. Es ist aber wahrscheinlich, daß auch diese, was die Beeinflußbarkeit durch Wuchsstoff anlangt, den Wurzeln nahestehen. Wie auch SEIDL hervorhebt, dürfte der Unterschied, der sich gemeinhin zwischen Wurzeln und Sprossen im Verhalten gegenüber Wuchsstoff zeigt, nicht auf der Verschiedenheit des Organcharakters beruhen. Entscheidend wird die geotropische Stimmung des Organs sein, dessen Wachstumszonen, gleichviel ob es sich um einen Sproß oder um eine Wurzel handelt, bei positiv-geotropischer Reaktion schon durch Wuchsstoffkonzentrationen gehemmt werden, durch die sie bei negativ-geotropischer Reaktion eine Förderung erfahren.

Zur Prüfung der Frage wäre nun *S. Willdenowii* wohl sehr geeignet. Trifft obige Vermutung zu, so müßten hinsichtlich der Beeinflußbarkeit durch Wuchsstoff die belaubten Mittelsprosse dieser Art von den eigentlichen Wurzelträgern abweichen, obwohl es sich um homologe Glieder des Verzweigungssystems, d. h. um Organe derselben morphologischen Dignität handelt.

Mit diesen Ausführungen soll aber solchen Untersuchungen nicht vorgegriffen werden. Sie verfolgen nur die Absicht, das Problem aufzuwerfen und unter Hinweis auf eine anscheinend sehr geeignete Versuchspflanze zu dessen Bearbeitung auf breiterer Basis anzuregen. Der Morphologe wäre nicht überrascht, wenn sich erneut zeigen sollte, daß physiologische Befunde, so bedeutsam sie auch für die Beurteilung der Gestaltbildung an sich sind, bei der Klärung typologischer Fragen nicht den Ausschlag geben können.

Literatur.

[1] BRUCHMANN, H.: Untersuchungen über *Selaginella spinulosa* A. BR. Gotha 1897. — [2] BRUCHMANN, H.: Von den Wurzelträgern der *Selaginella Kraussiana* A. BR. Flora (Jena) **95**, 150 (1905). — [3] BRUCHMANN, H.: Von den Vegetationsorganen der *Selaginella Lyallii* SPRING. Flora (Jena) **99**, 436 (1909). — [4] BRUCHMANN, H.: Über *Selaginella Preissiana* SPRING. Flora (Jena) **100**, 288 (1910). — [5] EIFFERT, W.: Beiträge zur Entwicklungsgeschichte der vegetativen und generativen Organe des Sporophyten von *Selaginella Kraussiana* A. BR. Diss. Marburg 1935. — [6] ENGLER, A.: Syllabus der Pflanzenfamilien, 11. Aufl., bearb. von L. DIELS. Berlin 1936. — [7] GOEBEL, K.: Morphologische und biologische Bemerkungen. 16. Die Knollen der Dioscoreen und die Wurzelträger der Selaginellen, Organe,

welche zwischen Wurzeln und Sprossen stehen. Flora (Jena) **95**, 167 (1905). —
[8] GOEBEL, K.: Organographie der Pflanzen, 3. Aufl., Teil 1. Jena 1928. —
[9] GOEBEL, K.: Organographie der Pflanzen, 3. Aufl., Teil 2. Jena 1930. —
[10] Lehrbuch der Botanik für Hochschulen, 23. u. 24. Aufl., bearb. von
H. FITTING, W. SCHUMACHER, R. HARDER u. F. FIRBAS. Jena 1947. —
[11] MEUSEL, H.: Wuchsformen und Wuchstypen der europäischen Laub-
moose. Nova Acta Leopold. N. F. **3**, 124 (1935). — [12] OLTMANNS, F.:
Morphologie und Biologie der Algen, Bd. 1. Jena 1904. — [13] OLT-
MANN , F.: Morphologie und Biologie der Algen, 2. Aufl., Bd. 2. Jena
1922. — [14] SACHS, J.: Lehrbuch der Botanik, 4. Aufl. Leipzig 1874. —
[15] SEIDL, W.: Wuchsstoffuntersuchungen an *Selaginella Martensii* SPRING.
Jb. Bot. **89**, 832 (1941). — [16] TROLL, W.: Organisation und Gestalt im
Bereich der Blüte. Berlin 1928. — [17] TROLL, W.: Vergleichende Morphologie der höheren Pflanzen, Bd. 1. Teil 1. Berlin 1937. — [18] TROLL, W.:
Morphologie einschließlich Anatomie. Fschr. Bot. **7**, 17 (1938). —
[19] TROLL, W.: Morphologie einschließlich Anatomie. Fschr. Bot. **11**, 14
(1944). [20] WAND, A.: Beiträge zur Kenntnis des Scheitelwachstums und der
Verzweigung bei *Selaginella*. Flora (Jena) **106**, 237 (1914).

5. K. Kramer und K. E. Schäfer. Der Einfluß des Adrenalins auf den Ruheumsatz des Skeletmuskels. DMark 2.30.
6. Beiträge zur Geologie und Paläontologie des Tertiärs und des Diluviums in der Umgebung von Heidelberg. Heft 2: E. Becksmann und W. Richter. Die ehemalige Neckarschlinge am Ohrsberg bei Eberbach in der oberpliozänen Entwicklung des südlichen Odenwaldes. (Mit Beiträgen von A. Strigel, E. Hofmann und E. Oberdorfer.) DMark 3.40.
7. Studien im Gneisgebirge des Schwarzwaldes. XI. O. H. Erdmannsdörffer. Die Rolle der Anatexis. DMark 3.20.
8. Beiträge zur Geologie und Paläontologie des Tertiärs und des Diluviums in der Umgebung von Heidelberg. Heft 4: F. Heller. Neue Säugetierfunde aus den altdiluvialen Sanden von Mauer a. d. Elsenz. DMark 0.90.
9. K. Freudenberg und H. Molter. Über die gruppenspezifische Substanz A aus Harn (4. Mitteilung über die Blutgruppe A des Menschen). DMark 0.70.
10. I. von Hattingberg. Sensibilitätsuntersuchungen an Kranken mit Schwellenverfahren. DMark 4.40.

Jahrgang 1940.

1. F. Eichholtz und W. Sertel. Weitere Untersuchungen zur Chemie und Pharmakologie der Heidelberger Radiumsole. DMark 2.20.
2. H. Maass. Über Gruppen von hyperabelschen Transformationen. DMark 1.20.
3. K. Freudenberg, H. Walch, H. Grieshaber und A. Scheffer. Über die gruppenspezifische Substanz A (5. Mitteilung über die Blutgruppe A des Menschen). DMark 0.60.
4. W. Soergel. Zur biologischen Beurteilung diluvialer Säugetierfaunen. DMark 1.—.
5. Annulliert.
6. M. Steck. Ein unbekannter Brief von Gottlob Frege über Hilbert's erste Vorlesung über die Grundlagen der Geometrie. DMark 0.60.
7. C. Oehme. Der Energiehaushalt unter Einwirkung von Aminosäuren bei verschiedener Ernährung. I. Der Einfluß des Glykokolls bei Hund und Ratte. DMark 5.60.
8. A. Seybold. Zur Physiologie des Chlorophylls. DMark 0.60.
9. K. Freudenberg, H. Molter und H. Walch. Über die gruppenspezifische Substanz A (6. Mitteilung über die Blutgruppe A des Menschen). DMark 0.60.
10. Th. Ploetz. Beiträge zur Kenntnis des Baues der verholzten Faser. DMark 2.—.

Jahrgang 1941.

1. Beiträge zur Petrographie des Odenwaldes. I. O. H. Erdmannsdörffer. Schollen und Mischgesteine im Schriesheimer Granit. DMark 1.—.
2. M. Steck. Unbekannte Briefe Frege's über die Grundlagen der Geometrie und Antwortbrief Hilbert's an Frege. DMark 1.—.
3. Studien im Gneisgebirge des Schwarzwaldes. XII. W. Kleber. Über das Amphibolitvorkommen vom Bannstein bei Haslach im Kinzigtal. DMark 1.60.
4. W. Soergel. Der Klimacharakter der als nordisch geltenden Säugetiere des Eiszeitalters. DMark 1.40.

Jahrgang 1942.

1. E. Gotschlich. Hygiene in der modernen Türkei. DMark 0.60.
2. Studien im Gneisgebirge des Schwarzwaldes. XIII. O. H. Erdmannsdörffer. Über Granitstrukturen. DMark 1.60.
3. J. D. Achelis. Die Überwindung der Alchemie in der paracelsischen Medizin. DMark 1.40.
4. A. Benninghoff. Die biologische Feldtheorie. DMark 1.—.

Jahrgang 1943.

1. A. Becker. Zur Bewertung inkonstanter α-Strahlenquellen. DMark 1.—.
2. W. Blaschke. Nicht-Euklidische Mechanik. DMark 0.80.

Jahrgang 1944.

1. C. Oehme. Über Altern und Tod. DMark 1.—.

1945, 1946 und 1947 sind keine Sitzungsberichte erschienen.